U0625184

霸王兵器图鉴

BAWANG BINGQI TUJIAN

才学世界 主编：崔钟雷

吉林美术出版社｜全国百佳图书出版单位

图书在版编目（CIP）数据

霸王兵器图鉴／崔钟雷主编 . —长春：吉林美术
出版社，2010.7（2022.9 重印）

（才学世界）

ISBN 978 - 7 - 5386 - 4471 - 5

Ⅰ.①霸… Ⅱ.①崔… Ⅲ.①武器 - 图集
Ⅳ.①E92 - 49

中国版本图书馆 CIP 数据核字（2010）第 127221 号

霸王兵器图鉴

BAWANG BINGQI TUJIAN

主　　编	崔钟雷
副 主 编	于晓蕊　刘志远
出 版 人	赵国强
责任编辑	栾　云
开　　本	787mm×1092mm　1/16
字　　数	120 千字
印　　张	9
版　　次	2010 年 7 月第 1 版
印　　次	2022 年 9 月第 4 次印刷

出版发行	吉林美术出版社
地　　址	长春市净月开发区福祉大路5788号
	邮编：130118
网　　址	www.jlmspress.com
印　　刷	北京一鑫印务有限责任公司

ISBN 978 - 7 - 5386 - 4471 - 5　　定价：38.00 元

前 言
foreword

在人类文明的历史长河中，战争与兵器从来都是不可或缺的词汇。虽然每一个热爱和平的人都厌恶战争，但不可否认的是，为了保卫祖国，为了维护正义与尊严，战争有时也是不可避免的。

兵器是战争构成的重要因素之一，也是决定战争胜负的重要条件。在每一个热爱祖国的人心中，有谁能够忘记中华民族百年前的国耻？有谁能够忘记那些血腥的殖民者仅用几挺机枪就打败数千手持大刀长予、视死如归的印第安勇士？当然，兵器无论多么举足轻重，也只是影响战争的重要因素，而不是战争胜负的决定因素。但作为一名有责任心，有爱国心，有尚武心，有一腔热血的志士男儿，我们仍然应该懂得一些兵器常识，了解兵器史上一些叱咤风云、名传百代的王者兵器，欣赏那些艺术与心血结晶的经典设计，透视那些兵器背后不为人知的深隐秘密。

本书精选了近百种当今世界现役的主流兵器与曾经辉煌无限的老一代王牌兵器，用多幅精美图片的全景展示，为您带来强大的视觉冲击与心灵震撼；从全新角度、全新视野、全新理念为敬爱的读者量身打造一本具有一定收藏价值的全方位兵器图书。我们衷心希望读者能够喜爱本书，选择本书，并从中有所获益，有所启迪。

编　者

战 机

CONTENTS

战 舰

战 车

枪　械

CONTENTS

霸王兵器图鉴
BAWANG BINGQI TUJIAN

战 机

霸王兵器

美国B-2隐形轰炸机

B-2隐形轰炸机是冷战时期的产物。1981年开始制造原型机，1989年原型机试飞。后来美军对计划进行了修改，使B-2隐形轰炸机兼有高低空突防能力，能执行核轰炸及常规轰炸的双重任务。

B-2隐形轰炸机由美国格鲁曼公司研制成功，也是目前世界上唯一的一种大型隐形飞机。装备B-2轰炸机的第一支部队是美国空军第509轰炸机联队的第393中队。

隐形高手

B-2隐形战略轰炸机拥有奇特的外形。它省去了传统作战飞机所具有的机身和机翼，甚至连普通飞机必须具备的垂直尾翼也没有。B-2轰炸机像一只巨大的、后缘呈锯齿状的怪物。这种形状的飞机，如果没有极其先进的控制系统，是根本无法驾驶的。

"邪恶"战士

B-2轰炸机完全不需要空中加油，作战航程就可达12 000千米，空中加油一次甚至可达到18 000千米。每次执行任务的空中飞行时间一般不少于10小时，这样，这位空中战士便将世界纳入其控制版图之下了。

闪电突袭

B-2轰炸机因具备隐身能力，所以其生存能力是极强的。另外，B-2隐形轰炸机的雷达反射截面不到0.1平方米，它绝对是空中杀手级轰炸机。

恐怖轰炸

B-2轰炸机除了有隐身本领之外，它还具有强大的轰炸突击能力。当B-2轰炸机被用来进行核攻击时，它可以挂载8枚巡航导弹和8枚核炸弹，这些武器足以使数座城市在极短时间内消亡。

霸王兵器

美国 B-52"同
温层堡垒"轰炸机

　　B-52"同温层堡垒"是美国波音公司研制的八发远程战略轰炸机，用于替换 B-29 轰炸机执行战略轰炸任务。B-52 是目前美国战略轰炸机当中可以发射巡航导弹的唯一机种。

　　B-52 绰号为"同温层堡垒"。它由美国波音公司研制完成。自 1955 年起，B-52 就在美国空军服役，是服役时间最长的远程战略轰炸机。

"堡垒"数据

　　B-52 飞机总起飞重量为 221.35 吨，机内燃油重量约 135 吨，可载 27 吨，是迄今为止美国载弹量最多的轰炸机。B-52 的最大飞行速度 1 010 千米/时，实用升限 16 800 米，最大燃油航程 16 100 千米（不进行空中加油）。

　　B-52 具有超远距离航程和巨大的载弹量，而且非常坚固耐用。

高手作战

　　海湾战争中，B-52 轰炸机向伊拉克军队投了大量炸弹，总投弹量在 25 700 吨以上，它不但消灭了大量伊拉克军队，而且对伊军造成了极大的心理影响。

霸王兵器

美国 F-22 "猛禽" 战斗机

　　F-22 猛禽是由美国洛克希德·马丁、波音和通用动力公司联合设计的新一代重型隐形战斗机。超音速巡航能力的具备，使得其在穿越对手的防空体系时自身的生存力得以提高。

　　F-22 战斗机是世界上第一种也是目前唯一一种投产的第四代超音速战斗机，它所具备的"超音速巡航、超机动性、隐身、可维护性"等功能，使它成为第四代超音速战斗机史上的杰作。

超音速巡航能力

　　F-22 战斗机具备超音速巡航的能力。

　　超音速巡航能力是指飞机无需开加力而以较高的超音速巡航飞行的能力。F-22 穿越对手的防空体系时，超巡能力可以提高其生存力。该战斗机穿越防空系统传感器探测范围的时间越短，留给防空系统的反应时间自然就越短。F-22 战斗机的巡航速度越高，截击就越困难，防空系统攻击范围减小幅度也越显著。无论是尾追还是前置拦截，高速度都显著缩短了有效射击时间，因为导弹如果追击一个高速目标，

而目标的相对角速度太大会使得导弹不得不在急转弯中消耗能量。

绝版 F – 22

　　F – 15 号称冲刺速度可以达到 2.5 马赫，但那是在空载条件下。在挂弹后，由于干扰阻力增大，该机最大速度仅有 1.78 马赫，在接近 1.7 马赫时加速性严重下降。F – 22 在这方面的表现就要好得多。在所有高度上，以军用推力或者更小的推力进行水平加速非常容易，但要是使用全加力，该战斗机的加速度简直令人惊骇。使用军用推力，在接近音速时随阻力上升，F – 22 战斗机加速性有些下降，但突破音障仍很轻松。F – 22 战机以军用推力跨音速飞行，感觉上和 F – 15 开加力差不多。打开全加力，"猛禽"的加速性变得稳定而强劲。在 0.97 马赫—1.08 马赫之间，飞机有轻微抖振。之后，直到最大速度，F – 22 战斗机的加速一直保持平稳连续。试飞时，F – 22 战斗机可以尽快进入超巡状态，以最大限度地利用狭小的超音速空域穿越封锁线。

霸王兵器

美国 F-16 "战隼" 战斗机

F-16 "战隼" 战斗机是美国空军装备的第一种多用途战斗机，也是世界上使用最广泛的一种作战飞机。由通用动力公司制造，目前在全世界许多国家和地区服役。

F-16 "战隼" 战斗机由美国洛克希德·马丁公司研制，是一种超音速、单发、单座轻型战斗机。现已成为美国空军的主力机种之一，主要用于空中格斗。F-16 战斗机是世界上销量最大的战斗机。

腹部进气道

F-16 战斗机采用腹部进气道设计，在它出现之前，战斗机的进气道大多采用机头进气或是机身两侧进气。而采用腹部进气道的优点是，在飞机大仰角飞行或侧滑时，气流稳定且不会吸入机炮发射时的烟雾。

世界性战斗机

F-16 战斗机自 1978 年装备部队后，逐渐成为美国空军的主力战斗机种之一。美国已生产此种类型的飞机 4 000 架以上，数十个国家和地区竞相采购 F-16 战斗机。

战争纪录

1982 年 6 月 9 日，以色列空军以 F-16 战斗机为突击主力，在 F-16 战斗机的掩护下，仅用 6 分钟就摧毁了位于叙利亚贝卡谷地的 19 个 "萨姆" -6 地空导弹阵地，228 枚 "萨姆" -6 地空导弹全部被击毁。随后，它又与 F-15 等一起在贝卡空战中创造了击落叙利亚八十多架战斗机，而自己无一损失的奇迹。

高新技术

F-16 "战隼" 战斗机装有 1 门 M61Al 型 6 管航炮，9 个武器外挂架。此外，它还采用翼身融合为一的边条翼、使用质量较轻的复合材料、采用静稳定性技术等。

霸王兵器

美国 F－117"夜鹰"战斗机

F－117 设计目的是凭隐身性能突破敌火力网，压制敌防空系统，摧毁严密防守的指挥所、战略要地、工业目标，它还可执行侦察任务。隐身"夜鹰"在对手眼中已成为无法看见的空中"黑手"。

兼容并包，独树一帜

F－117 战斗机的机载设备具有很强的通用性，像 F－16 战斗机的电传操作系统，F－15 战斗机的刹车装置和弹射座椅，C－130 运输机的环境控制系统等都直接用在了 F－117 身上。这样既降低了成本、减少了风险、加快了研制进度，又利于维护使用。

看不见的空中"黑手"

F－117 是世界上第一种用于实战的隐身战斗机，它隐身性能好，雷达和红外探测装置很难发现它的踪迹。

F－117 的雷达反射面积非常小，仅在 0.001 平方米到 0.01 平方米之间，而一般飞机的雷达反射面积在 3 平方米至 6 平方米以上。这意味着雷达有效地探测到 F－117 的距离要比其他飞机短得多，F－117 可以借此穿过严密的防空雷达网，袭击敌方与后方的目标。

驭"鹰"者

1980 年，美国空军在内利斯空军基地组建了第 4450 大队，并为新飞机征招飞行员和地勤人员。飞行员几乎全是从战术战斗机部队招来的，条件是飞行员必须要在现有战斗机上安全飞行过 1 000 小时以上。由于 F－117A 是专门用于夜间攻击的飞机，所以飞行员亲切称其为"夜鹰"。

F－117 是目前世界上最先进的隐身战斗机。它的主要使命是凭借良好的隐身性能突破敌人防空火力网，摧毁敌人的指挥所、工业目标和交通枢纽。在海湾战争中，F－117 逐渐成长为美国空军手中不可或缺的王牌战斗机。

霸王兵器

美国 F - 105 "雷公" 战斗机

美国的 F - 105 "雷公" 战斗机属于第二代战机，但是它同时具有战斗机和攻击机的特色，可以说是现代 F - 15E 或 F/A - 18 等战斗轰炸机的先驱概念。

美国 F - 105 "雷公" 战斗机是美国空军有史以来最大的单座单发动机的战斗机。F - 105 "雷公" 战斗机是由美国共和公司于 20 世纪 50 年代末研制的。同时 F - 105 战斗机也是美国空军第一架超音速战术战斗轰炸机。

F - 105 是作为 F - 84 后继机发展而成的单座超音速战斗轰炸机。20 世纪 50 年代初，美国的战略思想是立足于打核战争，这要求战术空军也要具备战术核轰炸能力。因此 F - 105 战斗机的主要任务是实施战术核攻击，也可外挂常规炸弹，执行对地攻击的任务，并具有一定的自卫空战能力。

主要装备

F - 105 战斗机装备有 AN/ASG - 19 火控系统，R - 14A 单脉冲搜索瞄准雷达，AN/ASO - 37 通信、识别、导航系统，AN/ARW - 73 "小斗犬" 导弹控制发射机，AN/APS - 54 雷达警戒系统，AN/APN - 131 "多普勒" 导航系统，AN/APX - 37 敌我识别系统，AN/ARN - 61 仪表着陆系统，ANARN - 62 "塔康" 导航系统，AN/ARN - 48 无线电罗盘，AN/ARC—70 通信设备，AN/QRC - 160 电子干扰机等先进设备。F - 105 机身可以配备 1 门 20 毫米的 6 管机炮，备弹 1 029 发。弹舱内可载 1 枚 1 000 千克的炸弹或 4 枚 110 千克的核弹。翼下有 4 个挂架，机腹下 1 个挂架，可按各方案携带核弹和常规炸弹、4 枚 AGM - 12 "小斗犬" 空地导弹或 4 枚 AIM - 9 空空导弹。

霸王兵器

美国F-104"星"战斗机

1954年2月7日，第一架F-104原型机研制成功。同年2月24日—25日，该机在严密的保护下运至爱德华兹空军基地，并由托尼·勒维尔担任首席试飞员对其进行试飞。

F-104超音速轻型战斗机是由美国洛克希德公司于1951年开始

设计研制的。1958年开始装备部队，但因其航程短、载弹量小而未被列入美国空军的主力战斗机的行列。

F-104主要型别有A、C、G、J、S等。共生产近2 000架。1958年洛克希德公司对F-104C的机体结构重新进行设计，提高了机体的结构强度，改进了机载设备，研制成多用途战斗机F-104G。

F-104战斗机于1955年4月便达到飞行速度2 488千米/时，后成为20世纪60年代世界三大高性能战斗机之一。

霸王兵器

美国 F-100"超级佩刀"战斗机

在越南战争中，F-100 战斗机主要负责空中巡逻和对地攻击，以阻止米格机对己方攻击机的突袭。此外，该机有时还担负空中管制任务。

F-100"超级佩刀"战斗机于 1949 年 9 月开始装备部队。F-100"超级佩刀"战斗机是世界上第一种具有超音速平飞能力的喷气式战斗机，主要型别有 A、C、D、F 等。各型总计生产两千三百五十多架。使用国家有美国、法国、土耳其、丹麦等。

美国空军使用的第一种超音速飞机是北美"超级佩刀"战斗机，它的设计得到了美国空军的支持，最初研制这种飞机时称作"佩刀-45"计划。后来 F-100 成为美国空军在越南战争中使用的主要机型之一。1956 年，美国"雷鸟"飞行表演队换装 F-100"超级佩刀"战斗机，成为第一支装备超音速战斗机的飞行表演队。该机型"雷鸟"一直使用了 13 年。

F-100 采用后掠 45°的大展弦比低单翼。全机采用整体结构、抗扭性能好，进气口设在机头，为扁圆形。水泡形座舱盖后有一条机脊一直通到垂尾。

霸王兵器
美国"全球鹰"无人机

"全球鹰"无人机是专为美国空军制造的军事战略飞机，至今，它仍是美国空军乃至全世界最先进的无人机型号。它独有的持续、实时的监视能力为美国空军提供了强大的作战支持。

"全球鹰"无人机是美国诺斯罗普·格鲁曼公司研制的高空高速无人侦察机。"全球鹰"相貌不凡，看起来很像一头虎鲸，它身体庞大、双翼直挺，翼展超过波音747飞机，球状机头将直径达1.2米的雷达天线隐藏了起来。"全球鹰"机载燃料超过7吨，最大航程达25 945千米，自主飞行时间长达41小时，可以完成跨洲际飞行，可在距发射区5 500千米的目标区域上空停留24小时进行连续侦察监视（U-2侦察机在目标上空仅能停留10小时）。"全球鹰"飞行控制系统采用GPS全球定位系统和惯性导航系统，可自动完成从起飞到着陆的整个飞行过程。

鹰"击"长空

2001年4月22日凌晨，一架"全球鹰"从美国加利福尼亚空军基地起飞，经过22.5个小时连续飞行，总行程达12 000千米（相当于绕地球1/4周），降落在澳大利亚阿莱德附近的艾钦瓦勒皇家空军基地，成为世界上第一架成功飞越太平洋的无人驾驶飞机。在飞行途中还试验了与机上传感器的海上工作方式，并试验了与澳方联合研制的图像发送装置。

功勋卓著

"全球鹰"有"大气层侦察卫星"之称。机上装有光电、高分辨率红外传感系统、CCD数字摄像机和合成孔径雷达。光电传感器重100千克，工作在0.4—0.8微米的可见光波段；红外传感器工作在3.6—5.0微米的中波段红外波段；合成孔径雷达重290千克，工作在X波段。"全球鹰"能在两万米高空穿透云雨等障碍连续监视运动目标，准确地识别地面各种飞机、导弹和车辆的类型，甚至能清晰分辨

出汽车轮胎的花纹；对于以每小时 20 千米到 200 千米速度行驶的地面移动目标，可精确到 7 米。

全球监控

"全球鹰"一天之内可以对约 13.7 万平方千米的区域进行侦察，它经过改装可持续飞行 6 个月，只需 1—2 架即可监控某个国家，最终达到监控全世界的目的。

小试牛刀

"全球鹰"于 1994 年开始研制，1998 年 3 月样机试飞，2001 年春天才通过了系统设计，11 月就匆匆投入了对塔利班的军事打击行动。在阿富汗战争中，"全球鹰"无人机执行了五十多次作战任务，累计飞行 1 000 小时，提供了一万五千多张敌军目标情报、监视和侦察图像，还为低空飞行的"捕食者"无人机指示目标。

伊拉克战争打响后，"全球鹰"再次出征。战争中，美军只使用了 2 架"全球鹰"无人机，却担负了 452 次情报、监视与侦察行动，为美军提供了可靠的战场数据。在伊拉克战争期间，"全球鹰"执行了 15 次飞行任务，提供了 4 800 幅图像。美空军利用"全球鹰"提供的目标图像情报，摧毁了伊拉克 13 个地空导弹连、50 个地空导弹发射器、70 辆地空导弹运输车、300 个地空导弹箱和 300 辆坦克。

霸王兵器
美国E-2预警机

现代战争中，防空的意义越来越重要。美国自 E-2 预警飞机问世以来不断改进发展，以适应日益复杂的战斗环境，满足战场的要求。

美国 E-2 预警机是美国诺斯罗普·格鲁曼公司为美国海军舰队设计的空中预警机，是美国海军航母编队的耳目。E-2 预警机主要执行搜索、指挥及管制舰载飞机的工作，用以保护航空母舰战斗群。

装备情况

该型飞机于 1965 年初期开始服役，在越南战争中首次露面。美国海军有 12 艘现役航空母舰，其中的任何一艘皆有 1 个 5 架 E-2C 预警机中队，目前美国海军总计有 18 个 E-2C 中队。

主要型号

E-2A 在 1960 年 4 月初次试飞，1965 年开始正式服役，1967 年停产。总计生产 62 架，其中 51 架换装为 E-2B。

E-2B 是 E-2A 的换装型号。换装的部分包括比较新的电脑，并增加系统的可靠性及加大机尾的二个垂直舵。46 架 E-2A 型换装完成于 1971 年 12 月。

E-2C 在 1971 年 1 月初次试飞，1973 年 12 月开始服役。美国海军总计订购了 166 架，1971 年开始生产，1996 年全部交货。

高空鹰眼

E-2C 是为美国海军设计的全天候飞机，在二三万米的高空可以搜索、追踪及管制 200 千米半径以内的空域及水面上的飞机。它的电子仪器可以同时追踪 2 000 个以上的目标及管制 40 个目标的拦截工作。E-2C 预警机具备极强的指挥与预警能力，是目前美国海军装备的主要预警机种。

霸王兵器

美国 E-3"望楼"预警机

E-3 预警机是美国研制的全天候远程空中预警和控制飞机，是在波音 707-320B 型民航机的基础上更换发动机，加装旋转天线罩与电子设备而制的，绰号"望楼"。

E-3"望楼"预警机是美国波音公司在波音 707 民航机的基础上改装的第三代预警机，是目前世界上技术最复杂、性能最好的预警机。

E-3 数据

E-3 的研制始于 1975 年，1977 年 3 月，美第 552 空中预警控制中队接受了首架 E-3 预警机。E-3 的主要型别有 E-3A、B、C、D 四种。

空中猎犬

E-3 机背上雷达罩直径 9.1 米，厚 1.8 米，用两个支柱支撑在离机身 3.3 米高处。对低空飞行目标，探测距离达 320 千米以上，对中空、高空目标探测距离更远。E-3 能将收集到的战场信息适时地传送给不同的部队，这些信息包括敌机敌舰和友机友舰的位置和航向等。

改进计划

第一阶段（1981 年—1989 年初）主要集中在使机载监视雷达具有海上监视能力。将 E-3A 改成 E-3B/C，E-3B 采用改型的 AN/APY-1 雷达，增加了部分海情的海上监视能力；E-3C 采用 AN/APY-2 雷达，具有在任何海情下监视目标的能力。

第二阶段（1989 年—2003 年）主要提高机载雷达探测和追踪小目标的能力。根据雷达系统改进计划，改进后的雷达对巡航导弹的距离可提高到 370—463 千米。此外，还提高了电子战支援系统的探测精度和灵敏度，并增强抗干扰性能和扩大可使用的信息种类，而且改进了计算机，提高了导航精度。

霸王兵器

美国 AH-64"阿帕奇"
武装直升机

AH-64 是目前武装直升机的最终极表现，它的强大火力与重装甲，使它像是一辆在战场上空飞行的重坦克。不管白天或黑夜都能够随心所欲地找出敌人并摧毁敌人，而且几乎完全无惧于敌人的任何武器。

"阿帕奇"直升机是 20 世纪 80 年代美国陆军最先进的全天候攻击直升机，代表了第三代武装直升机的发展趋势。"阿帕奇"在海湾战争中战绩辉煌，一架"阿帕奇"曾摧毁了 23 辆伊拉克坦克。

空中"巨弩"

AH-64 是美国麦克唐纳·道格拉斯公司研制的先进攻击直升机，原型机于 1975 年 9 月首次试飞。"阿帕奇"的火力是当今武装直升机中最强的，机身上可挂载 16 枚"海尔法"激光制导反坦克导弹，机身下装有四具发射器，可挂 76 枚航空火箭。可以这么说，让 AH-64 发现的装甲目标，几乎都未战先亡。

"阿帕奇"神话

在美国的西南部，有一个称为阿帕奇族的印第安部落。相传这个部落中有个名叫阿帕奇的武士，他是印第安部落的守护神。"阿帕奇"直升机就是以这个部落的名称命名的。

强大火力

美国 AH-64"阿帕奇"武装直升机以反坦克为主要作战任务，也可以对地面部队进行火力支援。直升机最关键的部件是旋翼，"阿帕奇"采用的是四片桨叶全铰接式旋翼系统，旋翼桨叶翼型是经过修改后的大弯度翼型。

霸王兵器

美国 S－70"黑鹰"直升机

S－70直升机绰号"黑鹰"，是 UH－1 的后继机。该机主要执行战斗突击运输、伤员疏散、侦察、指挥及兵员补给等任务，是美国陆军 20 世纪 80 年代直升机的主力。

S－70"黑鹰"直升机由美国西科斯基公司研制，是美军目前装备数量最多的通用直升机。1984 年 7 月，中国与美国西科斯基公司签订合同，从该公司购买 24 架 S－70 民用"黑鹰"直升机。首批 4 架"黑鹰"于 1984 年 11 月抵达中国天津。S－70 直升机是迄今为止中国空军所拥有的高原性能最优秀的直升机。"黑鹰"原为一个印地安部族酋长的名字，由于美军对他十分敬畏，于是将 20 世纪 80 年代美军主力通用直升机命名为"黑鹰"直升机。此外，命名的另一个主要原因是它与凶猛的飞禽——"鹰"存在共性。

S－70 在中国

S－70 的高原性能极好。实际上，S－70 是陆航唯一能在高原区顺利运作的直升机。

通常情况下，在平均海拔 3 000 米以上的雪域高原，含氧量仅为海平面的一半，任何发动机功率都会减少 40% 左右。在 S - 70 引进之后，我国科研人员经过不断努力，反复进行实地试飞论证，终于克服了技术困难，解决了升力问题，使"黑鹰"飞越了海拔五千二百多米的唐古拉山。为了适应高原地区的使用需要，中国的 S - 70 直升机采用了加大推力的 T700 - 701A 发动机，改进旋翼刹车，并且采用先进的 LTN3100VLF 导航系统，而非美军标准的多普勒导航系统。机身选材先进，机身上的射击窗、机枪座等都经过了优化设计，达到了比较理想的承力状况。

S - 70 的用途比较广泛。自 1985 年进入我国的西藏和新疆的高原地区服役，先后参加过多次抢救西藏灾区和返回式卫星回收的任务，出勤率十分高。但由于气候原因及人为操作失误，也发生过多起机毁人亡的事故。S - 70 的先进性不容置疑，且易于维护。在高原性能和防腐蚀方面，S - 70 更是占有压倒性的优势。

霸王兵器

美国 CH-47"支努干"运输机

CH-47"支努干"中型双旋翼纵列式全天候中型运输直升机可在恶劣的高温、高原气候条件下完成任务。CH-47型机是美军主要运输直升机，也是唯一的中型运输直升机。

纵列双旋翼

美国陆军特种部队首选了波音公司生产的CH-47"支努干"直升机。这是一种独具特色的直升机，它不像我们常见的那种单旋翼直升机，它有两副旋翼，分别安装在机头上方和机尾上方，所以这种直升机又叫"纵列式双旋翼直升机"。

空中"大力神"

在1991年的海湾战争中，CH-47D是美国唯一一种能够在宽阔地域上运送重型货物的直升机，其载重量和速度为美军指挥员和后勤官提供了良好的支持。在地面作战中由第18空降师执行的侧面机动就是以CH-47D为"基石"的。仅第一天作战中，CH-47D就运送了大量弹药装载货盘和131 000加仑燃料，同时在2小时内建立了40个相互独立的燃料弹药补给点。

不断改进

CH-47"支努干"运输直升机由波音公司研制成功。尤其是它的纵列双旋翼，使它显得与众不同。CH-47系列运输直升机源自波音公司1956年开始发展的114和414型号。随后出现了多种改进型号，主要包括CH-47A，CH-47B，CH-47C和CH-47D。CH-47纵列双旋翼结构令其备受注目。

CH-47"支努干"运输直升机运输能力强、机动性能高，颇受美军方重视，在对阿富汗、伊拉克战争中发挥了重要的作用。

霸王兵器

俄罗斯图－160 战略轰炸机

图－160 是苏联图波列夫设计局设计的四发变后掠翼多用途远程战略轰炸机，用于替换米亚－4 和图－95 执行战略突防轰炸任务。"海盗旗"是西方给予该机的绰号。

图－160 既能在高空、超音速的情况下作战，发射具有火力圈外攻击能力的巡航导弹，又可以亚音速低空突防，用核炸弹或导弹攻击重要目标，还可以进行防空压制，发射短距离攻击导弹。它是目前世界上最大的轰炸机之一。

优劣互存

图－160 战略轰炸机的主要特点为：装备大量电子设备，占用机内空间较大；能在防空火力圈外发射空地导弹，突防能力强；由于飞机本身比较笨重，使自身的生存力受到较大威胁，因此一般需战斗机护航支援。图－160 战略轰炸机装有四台 NK－144 改进型涡扇喷气发动机，单台最大推力 13 620 千克。还装有攻击雷达、地形跟踪雷达及装在垂尾与后机身交接处的尾部预警雷达。前机身下部装有录像设备，以辅助发射瞄准。两个 10 米长的弹舱各有一个旋转式发射架，可带 12 枚 AS－16 短距攻击导弹或 6 枚 AS－15 空中发射巡航导弹。

霸王兵器

俄罗斯图-95战略轰炸机

从苏联空军到现在的俄罗斯空军，机种机型已经更换了很多，唯有轰炸机仍使用图-95，因为图-95稍微修改便可有不同用途，它可以作为运输机、轰炸机、侦察机，甚至是军用客机。

图-95战略轰炸机是一种远程战略轰炸机，它是1951年苏联图波列夫飞机设计局研制的，也是苏联研制出的第一种能够穿越北极飞到美洲进行战略核轰炸的轰炸机。

功能全面

这种轰炸机不仅能执行战略攻击任务，还可应用于照相、电子侦察、海上巡逻及反潜等任务，在1993年全世界仍有约230架图-95轰炸机在服役，其中俄罗斯拥有170架左右。

超凡实力

俄罗斯图-95战略轰炸机装有4台NK-12MB涡桨发动机，最大速度为925千米/时，乘员最多达11人，装备有PB116型轰炸瞄准雷达、光学瞄准具、自动驾驶仪和电子侦察照相设备，这些侦察设备可以把侦察到的地面情况直传回250千米之外的指挥所。其配备武器包括：装在机尾炮塔内的2门机炮、机身后上方的1门航炮或者2门23毫米机炮，位于机身中段下部的弹舱可以装15—25吨炸弹。而在改装后，图-95甚至可以装备1—12枚空对地远程巡航核导弹。此外，图-95战略轰炸机具有穿越北极攻击美国本土军事基地和设施的能力，在冷战高峰时期它曾经飞越白令海峡，紧贴着阿拉斯加空域飞行，试探美国战斗机的反应能力。

霸王兵器

俄罗斯 S－37"金雕"战斗机

由俄罗斯苏霍伊设计局研制并先后试飞成功的苏－37 和 S－37 战斗机，因代号相似，一开始便容易使人把二者看成是一种飞机，其实它们是两种不同型号的战斗机。两者在外形上最明显的区别就是一个后掠翼、一个前掠翼。

S－37 是苏霍伊设计局瞄准俄罗斯空军对新一代战斗机的要求而设计的。1997 年 9 月 25 日，在莫斯科茹科夫斯基空军基地由俄空军试飞员伊戈尔瓦金采夫驾驶 S－37 完成了首次试飞。截至 2001 年 8 月，该机已进行了四次试飞，并完成了一系列飞行任务，总共飞行次数已达数百次。S－37 技术性能优越，可与美国的 F22 战斗机相匹敌。目前，S－37 已被命名为苏－47 战斗机，成为俄罗斯空军的又一张王牌。

主要机载设备

S－37 利用其机腹内部空间大的特点，装备了俄最新研制的航空武器火控系统及电子系统。与俄罗斯先进的苏－35、苏－37 战斗机一样，S－37 装备有新一代一体化航空电子设备，包括相控阵雷达和后视雷达，武器控制系统、新型瞄准器、多功能电子指示器和记录器、新型卫星导航和通信设备，空中信号数据处理系统、电子战系统、

RLS 攻击防御系统等。该机还将装备全高度、全方向、全距离的武器系统，包括最新研制的空对空导弹和多种空对地武器，它既有空中截击能力，又能攻击敌方纵深处的地面和海上目标。

动力强劲

目前 S – 37 战斗机装有两台 D – 30F6 涡轮喷气发动机，其单台推力 15 500 千牛。最终将在定型机上装备两台先进的 AL – 41F 涡扇发动机，并采用推力矢量喷管技术。

武器系统

S – 37 战斗机机载武器包括 R – 77M（AA – 12）、R – 73M、K – 74、KC – 172、VV – AE 型中、近、远程空对空、空（面）导弹和各种精确制导炸弹等。其中 R – 73M 红外制导空对空导弹，为 R – 73 的改进型，可实施全向攻击，具有发射后无需控制及同时攻击多个目标的能力，不仅能攻击飞行中的飞机，还可用于拦截中、远程空空导弹，射程可达 160 千米；KS – 172 系俄罗斯最新研制的远程空对空导弹，最大射程为 400 千米，它与机载火控雷达匹配后，具有先敌发现、先敌攻击的超视距攻击能力，可在敌防空火力圈外实施攻击。

霸王兵器

俄罗斯苏-30战斗机

在俄罗斯对外出口的武器清单中，苏-30是出现频率最高的武器之一，尽管它问世才20年，但在世界军用飞机市场上的风头，丝毫不亚于苏氏家族的其他"兄弟"。毫不夸张地说。苏-30应该是风头正劲。

苏-30战斗机为苏-27的改装产品，它是一种双座远程多用途战斗机。苏-30战斗机可用来执行远距、空中巡逻警戒任务，此外还可作为小型预警机，对其他飞机实施指挥。一架苏-30可以引导四架不同型号战斗机或苏-27系列战斗机进行战斗，它的作战效能极强，具有十足的领袖风范。

空中"神枪手"

苏-30的头盔瞄准系统大大缩短了武器系统的反应时间，这种系统方便了飞行员的攻击动作的实施。它装备的R-27和R-73导弹，一个对付远距目标，一个对付近距目标。而更让人佩服的是苏-30机身上的红外导弹警告扫描仪，当敌机导弹来袭时，它不但可以向飞行员提供警告，还能自动施射

空对空导弹去拦截敌方的导弹。

猎鹰者

苏－30战斗机承担的一个重要的战略任务就是保持苏系战斗机对美国F－15"鹰"式战斗机的优势地位，而苏－30也确实做到了这一点。同F－15相比，在座舱和油箱处加装了17毫米钛合金的苏－30具有更好的防御性能。此外，苏－30可以通过关闭小雷达到一定的隐身目的，而这却是F－15战斗机无法实现的。

"微笑"刺客

在苏－30战斗机身下的两个引擎之间装备有后视空对空雷达，这意味着苏－30战斗机的飞行员无需回头，就能对后面袭来的敌方战斗机冷不防地杀个"回马枪"——从后方发射雷达制导的空空导弹。

苏－30利器

苏－30的机载武器有1门30毫米机炮，12个外挂架，可挂载10枚空空导弹，其中包括R－73红外制导近距格斗空空导弹、R－27/R－77半主动雷达制导中距空空导弹，Kh－59ME/Kh－29E空地导弹、Kh－31P空地反辐射导弹、各种常规炸弹和火箭弹，总载弹量为8 000千克。

苏－30座舱

苏－30装有空气调节系统，在2 400米至10 000米的高空中，仍能让机舱保持一定压力，故而飞行员无需佩戴氧气呼吸系统也可完成飞行任务。

霸王兵器

俄罗斯苏-27
"侧卫"重型战斗机

苏-27是单座双发全天候空中优势重型战斗机，于1986年陆续装备部队，目前是俄罗斯空军的主战飞机。苏-27的问世，不仅结束了米格机在苏联战斗机领域独领风骚的局面，而且使该系列飞机成为居世界前列的尖端兵器。

高空利剑

1987年9月13日，一架挪威空军的P-3B巡逻机挑衅性地出现在苏联的海岸线上，苏联空军的一架苏-27战斗机立刻升空进行驱赶。苏-27战斗机的飞行员驾驶飞机直接从P-3B巡逻机的右下方闪电穿过，用其坚固的尾翼尖作为"手术刀"，给P-3B巡逻机做了一个"开膛手术"，P-3B巡逻机的一台发动机严重受损，苏-27捍卫了苏联的荣誉。

空中战士

苏-27"侧卫"战斗机由苏联苏霍伊设计局研制。其主要任务是

国土防空、护航、海上巡逻等。苏－27 战斗机航程更远、速度更快、机动性更好。苏－27 是单座双发、全天候空中强势重型战斗机的杰出代表。

技压群雄

苏－27 是优秀的苏制第四代战斗机，就飞机本身的性能，尤其是机动性而言，它绝对是世界战斗机第三代中的佼佼者。苏－27 刚刚服役就震动了世界航空界。苏－27 拥有先进的气动布局和强大的攻击力。在西方航展上，苏－27 精彩的"眼镜蛇"机动动作更令世界惊叹不已。

"蛇王"抬头

"眼镜蛇机动"是由苏联试飞员普加乔夫驾驶苏－27 首创，在此之前，世界上任何一种飞机都无法完成这个动作，包括 F－15 和 F－16。苏－27 的这个动作属非常规机动，在做这一动作时，它的姿态很像眼镜蛇，所以，人们称它为"眼镜蛇机动"。这一动作实战性较强。

霸王兵器

俄罗斯卡-50武装直升机

卡-50是新型共轴反转旋翼武装直升机，北大西洋公约组织给予绰号"噱头"（Hokum）。"噱头"不是空战直升机，而是一种用于压制敌方地面部分火力的突击武装直升机。卡-50被选做俄罗斯下一代反坦克直升机。

卡-50武装直升机是苏联卡莫夫卡设计局研制的先进武装直升机。1992年，在英国的范堡罗航空展上，卡-50引起巨大轰动。卡-50是世界上第一种双旋翼共轴式攻击直升机。

英雄本色

俄罗斯人把这架直升机称为"狼人"，编号卡-50。卡-50令西方军界刮目相看。它是美、苏军备竞赛的产物。卡-50荣获多项世界第一：第一种单座攻击直升机；第一种共轴式攻击直升机；第一种采用弹射救生系统投入现役使用的直升机。

低空"杀手"

卡-50直升机在机身右侧装有1门30毫米口径2A42型机炮。机

身两侧有短翼，翼尖各装有一个 UV－26 型 64 枚干扰弹发射短舱。翼下左右各 2 个挂架，总外挂武器重量 2000 千克。内侧挂架通常挂一个可装 20 枚 S－8 型 80 毫米口径火箭弹的火箭筒，射程最远可达 4 000 米，可打穿 350 毫米钢板，精度为 8 毫米弧度。短翼下的外挂架每个可挂 6 枚破甲厚度达 900 毫米的 9M120 型 "旋风" 反坦克导弹，也可挂 500 千克以下的武器或副油箱。机内有驾驶、瞄准、导航一体化综合系统用于完成自动驾驶、搜索目标和自动导航任务。机载计算机可自动接收其他直升机、飞机或地面站传来的目标指示，而且立即在座舱显示器和平视显示器上显示出来。同时，飞行员有头盔瞄准具，它可将盯住的目标信息直接传送给武器，使武器截获目标即可发射，大大缩短发射武器必需的准备时间。

霸王兵器

俄罗斯米－17"河马"直升机

1981 年，在巴黎国际航展上，首次亮相的米－17 直升机大放异彩，米－17 的特点是适应性强、用途广泛，在执行战术运输和空中突击任务时，能够挂装多种武器。

米－17 直升机是苏联米里设计局研制的单旋翼带尾桨中型运输直升机，北大西洋公约组织称其为"河马"。在 1981 年的巴黎航空展览上米－17 首次展出，1983 年开始出口。

米－17 是在米－8 的基础上改进研制的，米－17 的尾桨在垂直面的左边，性能比米－8 有了很大的提高。米－17 主要是客货运输型，可运输车辆、工程设施等货物，能载 24 名旅客或装 12 副担架。另外，米－17 直升机还有米－17P"河马"K 直升机为通信干扰机；1989 年米－17－1VA"河马"H 第一次在法国巴黎航空展上展出，这种型号的直升机主要在俄罗斯的航空医院使用。米－17 目前仍在生产，民用型单价为 550 万美元。

米－17 的旋翼系统为 5 片全金属矩形桨叶的旋翼和 3 片桨叶的尾桨；武器系统为 23 毫米口径的 GSH－23 机炮；动力装置为两台克里莫夫设计局设计的 TV3－117MT 涡轴发动机。

霸王兵器
欧洲 EF2000 战斗机

EF2000 原名 EFA，是德国、英国、意大利、西班牙四国合作研制的一种新型战斗机，是介于第三代和第四代之间的超音速战斗机，它主要用于空战，并具有一定的对地攻击能力。1983 年开始研制，1994 年 3 月试飞。

欧洲 EF2000 多功能战斗机原称"EFA"欧洲战斗机，该机是由德国、英国、意大利、西班牙四国合作研制的新型战斗机，于 21 世纪初列装部队。

EF2000 的机载武器装配 1 门 27 毫米口径的"毛瑟"机炮、13 个外挂架，其中机身下有 5 个，每侧机翼下各有 4 个。在执行空中战斗任务时，外侧机翼挂点可携带 2 枚先进近程空对空导弹，内侧挂点带 2 个超音速自降式副油箱，机身半埋式弹槽内带 4 枚中程空对空导弹。

EF2000 在 1984 年进行研发，主要作战对象是苏－27 和米格－29。"EFA"以空战为主，并拥有强悍的对地攻击能力。机翼采用无尾三角翼，机身采用先进的碳纤维合成材料。雷达为 ECR90 多段脉冲多普勒雷达，搜索距离最远可达 148 千米，可同时追踪 8 个目标。

另外，飞机还装有全动鸭翼和 4 倍灵敏度的头盔飞行控制系统，极大地增强了战机的机动性。

作为一种多用途战斗机，EF2000 战斗机的空中优势表现在许多地方：

空中拦截能力：功能强大、高度灵敏的探测器加上先进的武器发射技术，使它的空对空武器系统始终保持着待发射状态。无论是白天还是黑夜，都能够进行大负荷长距离作战。

空中支援能力：EF2000 先进的电子设备使它能和地面指挥员保持密切的联系和合作，能准确地分辨地面的个别目标，发动攻击。

压制敌方防空体系：先进的电子设备、精确导航、精确定位和自动寻找武器系统的相互结合，保证能准确地寻找和摧毁敌方的防空力量。

海上攻击能力：专用的雷达模式和数据链使 EF2000 战斗机能够独立或者配合其他海上力量投入战斗。

霸王兵器

法国"幻影"2000 战斗机

有人用"幻影时代"来形容"幻影"系列战斗机发展的盛况，足见"幻影"系列名气之大。"幻影"2000 是"幻影"系列中最新型的战斗机，也是目前第三代战斗机中唯一采用不带前翼的无尾三角翼布局的飞机。

"幻影"2000 是法国达索公司研制的多用途战斗机。该机技术先进，是世界上为数不多的完全不抄袭苏美技术的战斗机之一。1984 年"幻影"2000 正式服役于法国军队。

法国"名牌"

"幻影"2000 是"幻影"系列中最新的一种战斗机。从其性能水平和作战效能来看，它的确是一种研制得相当成功的优秀战斗机。法国军方虽已决定选用"阵风"战斗机作为新一代战斗机，但是"幻影"2000 飞机的改进型至少要用到 2010 年。

神奇"幻影"

"幻影"2000 是很有特色的一种第三代战斗机，它是目前已服役的第三代战斗机中唯一采用不带前翼的三角翼飞机。法国在战斗机研制方面独树一帜的做法不仅体现在"幻影"2000 飞机上，而且体现

在整个"幻影"系列飞机的形成和发展之中。

"幻影"2000 设计的目标之一是要增大有效载荷占飞机总重的比例，即所谓改进结构效益。为减轻结构重量，"幻影"2000 广泛采用了碳纤维、硼纤维等复合材料。

武器装备

"幻影"2000 战斗机有 9 个挂架，可挂装 BGL1000 激光制导炸弹、ARMAT 反雷达导弹、APACHE 空对地巡航导弹、AM39"飞鱼"空对舰导弹以及 ACALP 隐身巡航导弹等多种摧毁性大的武器。

霸王兵器
英国"鹞"式战斗机

"鹞"式战斗机可谓是战斗机中的"杂技演员",它可以垂直起落、快速平飞、空中悬停及倒退飞行。主要用于执行空中近距离支援和战术侦察任务,也可用于空对空作战。

英国"鹞"式战斗机由英国霍克·西德尼航空公司开发。它是世界上第一种可以垂直起落、快速平飞、空中悬停和倒退飞行的战斗机。"鹞"式战斗机的这些特技让其出尽了风头。"鹞"式战斗机的主要使命是海上巡逻、舰队防空、攻击海上目标、侦察和反潜等。"鹞"式战斗机于 20 世纪 70 年代初装备军队。

马岛神威

在 1982 年的英阿马岛之战中,"鹞"式战斗机首次参战执行截击任务,就在空战中击落了对方 16 架飞机,从而一举成名。

"鹞"式战斗机的心脏

"鹞"式战斗机的发动机是英国罗·罗公司制造的设计独特、性能优良的"飞马"103 发动机。发动机装在机身后部,两个进气口位于驾驶舱下机身的两侧,机身前后下部有四个对称的可向下、向前旋转 98.5°的发动机喷气口。这四个喷气口的旋转为"鹞"式战斗机提供了垂直起落、过渡飞行和常规飞行所需要的动力。

"鹞"之家族

"鹞"式战斗机共有四个系列,主要有对地攻击型、双座教练型及海军型和出口型。"海鹞"式战斗机属于海军型和出口型。它是由"鹞"GRMK 3 型改进而来的多用途舰载垂直、短距起落战斗机,它比"鹞"式加高了座舱,更新了电子设备,安装了"蓝狐"雷达和"飞马"104 发动机。

霸王兵器

瑞典 JAS－39"鹰狮"战斗机

瑞典空军一直在追求一种多功能、低成本的战斗机，而高效经济的"鹰狮"战斗机恰好满足了瑞典空军的这种需求。"鹰狮"战斗机迎合了世界市场对飞机品质及能力日益提高的需要，其性价比是十分可观的。

异军突起

20 世纪 70 年代末，瑞典空军仅有一种 SAAB－37 "雷" 现代化战机。瑞典的这种单一型战机远远满足不了现代化的空军作战需求。20 世纪 80 年代初，瑞典飞机制造公司开始研制新一代 "一机多型" 战斗机。新一代战斗机在改换计算机程序的同时，也换上了不同的武器外控系统。

"鹰"之舞

JAS－39"鹰狮"战斗机可以轻松地完成倒飞、筋斗、小半径盘旋、大迎角低速通场等高难度动作。它装备 1 门 27 毫米口径的"毛瑟" BK27 航炮、有 7 个外挂架，可挂装红外和雷达制导的响尾蛇、"天空闪光"等空对空导弹，还可以挂重型地对空、空对舰导弹和侦察吊舱。

JAS－39 "鹰狮" 机型于 20 世纪 90 年代初装备部队，称为 "雷式飞机的接替者，被称为 "北欧守护神"。该机型主要使命为拦截、攻击和侦察。"鹰狮"战斗机已经成为了瑞典人的骄傲。

霸王兵器图鉴

BAWANG BINGQI TUJIAN

战舰

霸王兵器

美国"小鹰"级航空母舰

　　"小鹰"号航母是美国海军最后一级常规动力航空母舰——"小鹰"级的首舰。它在福莱斯特级常规动力航母的基础上发展而来，"小鹰"级航母在总体设计上沿袭了福莱斯特航母的设计特点。该舰现已退役封存。

　　"小鹰"级航空母舰首舰于 1961 年 4 月开始服役。美国海军打算在未来 10 年内将"小鹰"级航母全部淘汰，而届时将全部由被称为海上霸主的"尼米兹"级核动力航母来取代它的位置。

人员编制

　　"小鹰"级航母在人员编制上相当严密谨慎，航母上一般配有舰长和副舰长各 1 人，下设 10 个部门和 1 个舰载机联队。

　　航空母舰舰长和副舰长的资格考核是极其严格的，只有在舰上架机起降过 800—1 200 次、有 4 000 小时飞行记录、担任过飞行中队长的优秀军官才有资格担任这两个职务。

电子和运输

　　"小鹰"级航空母舰具有完善的电子设施，舰上共配有各种雷达

发射机约 80 部、接收机 150 部、雷达天线近 70 部，还有上百部无线电台，同时具有 20 000 千瓦的发电能力。此外，"小鹰"级航空母舰可储备 7 800 吨舰用燃油、600 吨航空燃油和 1 800 吨航空武器弹药，具备一个星期持续作战能力。

海上堡垒

"小鹰"级航空母舰采用了封闭式加强飞行甲板，舰体从舰底至飞行甲板形成整体的箱形结构。飞行甲板以下分为 10 层，以上分为 7 层，全舰内部舱室共 1 501 个。

从舰底至飞行甲板分别为燃料、淡水和武器弹药舱，食品、办公和人员居住舱，食堂、飞机修理车间、机库和作战值班室。

越战"先锋"

1964 年发生的"北部湾事件"也许至今还让人记忆犹新，它是越南战争扩大化的标志性事件。当时美国借口自己的"马克多斯"号驱逐舰在越南北部湾公海遭到北越鱼雷艇的攻击，便大肆出动了 64 架战斗机猛烈袭击了北越的四个海军基地和一座油库，而轰炸北越的战机正是从"小鹰"级航母"星座"号上起飞的。

霸王兵器

美国"尼米兹"级航空母舰

"尼米兹"级航空母舰作为美国第二代核动力航空母舰，同时也是当今世界上最大的航母，它的七种不同用途的舰载飞机可以支援陆地作战，保护海上舰队，对敌方形成致命的威胁。

被誉为"海上霸王"的"尼米兹"级航空母舰是美国海军第二代核动力航空母舰，它是世界上排水量最大、舰载机最多、现代化程度最高、作战能力最强的航空母舰。它以优良的作战性能和强劲的战斗力成为现代航母中当之无愧的王者。由于无须携带常规航母所需要的大量燃油，"尼米兹"级可以留有更广阔的空间携带航空燃油和航空武器，其航空燃油的携带量达到了 10 000 吨，为常规航母的 2 倍。

战斗的"城市"

"尼米兹"级航母硕大无比，舰体从舰底到舰桥顶部高达七十多米，"尼米兹"级中的"斯坦尼斯"号，舰上正常人员编制为 5 984 人、床铺 6410 个、办公桌 544 张、书架 924 个、照明灯 29 814 盏。此外，舰上还有邮局、电台、电影院、百货商店、照相馆、医院等各

种生活设施，被称为战斗的"海上城市"。

"永恒"的生命

　　"尼米兹"级航母从船底到机库都是双船体结构，以减少鱼雷和导弹的威胁，从而保护弹药库、燃油舱、核反应堆等重要部位。它的防护系统极为坚固，舰体两舷的水线以下部分都设有能承受300千克炸药爆炸的防鱼雷舱，舰内则设有23道水密横隔舱和10道防火舱，弹药库和机库都设有635毫米的"凯夫拉"装甲，其严密的防护能力，使它近乎拥有"永恒"的生命。

美利坚的"旗帜"

　　从1976年第一艘"尼米兹"号下水后，"尼米兹"级航母几乎参加了20世纪末、21世纪初美国参与的所有战争。"尼米兹"拥有绝对的控制权，它搭载的战机可以控制半径为1 000千米以上的海域和空域，每天可出动战机200架次，因而获得"美利坚旗帜"的殊荣。

霸王兵器

美国"林肯"号航空母舰

    "林肯"号航母是以带领美国走过南北战争的第十六任总统亚伯拉罕·林肯的名字命名的。它的建成与服役使美国的海上军事作战能力有了大幅度的提高，并在战争中发挥了重要作用。

    "林肯"号航空母舰是美国海军的第五艘"尼米兹"级航空母舰，以美国的第十六任总统林肯先生的名字来命名。"林肯"号隶属于太平洋舰队，编号为"CVN72"。

武器支持

    "林肯"号航空母舰上装备有"海麻雀"导弹和密集阵武器系统，载有约八十架战斗机和支援机，其中大部分为 FA－18"大黄蜂"和 F－14"雄猫"歼击机，其余是 EA－6B"入侵者"电子干扰机、S－3B"北欧海盗"反潜机、E－2"鹰眼"预警机等等。"林肯"号航母编队系统比较完善，各类舰种协同作战能力超强。

辉煌历史

    1988 年 2 月 13 日"林肯"号下水，并在 1989 年 11 月 11 日开始服役。

    1990 年 9 月"林肯"号

转移到太平洋，1991 年 5 月在海湾战争中前往波斯湾。

　　1992 年初，"林肯"号支援了南方守望任务，监视伊拉克南方的禁飞区。

　　1993 年 10 月，"林肯"号前往索马里的沿海地区，协助联合国在当地执行任务。

　　1995 年 4 月"林肯"号前往波斯湾，再次协助南方守望任务。

　　1998 年 6 月"林肯"号开始第四次部署任务，同样是前往波斯湾协助南方守望任务。

　　1999 年，"林肯"号参与了几次美国海军的内部演习，接着再次前往波斯湾协助南方守望任务。

　　2002 年 7 月 20 日"林肯"号前往支援恒久自由行动，并再次支援了南方守望任务。

　　2003 年伊拉克战争，"林肯"号的机队和其战斗群一同参与了最初对伊拉克的轰炸行动和空袭。

　　2004 年印度洋大地震时，"林肯"号正停留在香港，之后前往受灾严重的苏门答腊西海岸协助正在进行的国际性救济和救援行动。

　　2005 年 1 月，"林肯"号离开了印尼。在公共海域，"林肯"号继续为印尼提供人道援助直到同年 2 月 4 日。

霸王兵器

美国"提康德罗加"级巡洋舰

"提康德罗加"级巡洋舰是当今美国海军最具效能的巡洋舰之一，它装备了先进的"宙斯盾"防空系统，可为航舰战斗群提供有效的防空及反舰导弹能力，是美国海军的有力海上武器装备。

"提康德罗加"级导弹巡洋舰是美国海军在航空母舰之外最有战斗力的海战武器之一。作为美国海军中最早安装"宙斯盾"防空系统和"战斧"巡航导弹的军舰，"提康德罗加"级具备了高效的防空性能和强大的对地攻击能力，成为一种战略性的武器平台。

"宙斯"之盾

"提康德罗加"级最大的特点就是安装了"宙斯盾"防空作战系统。这套以古希腊神话中天神宙斯使用的盾牌为名的"全自动指挥与武器自动控制系统"由最先进的阵控雷达和计算机设备组成，可在开机后的18秒内对400个目标进行搜索，跟踪其中100个目标，并指挥12—16枚导弹攻击敌人，是当之无愧的神之盾牌。

防空性能

"提康德罗加"是目前世界上防空性能最为卓越的战舰，舰上装备有射程达73千米的"标准"舰空导弹。早期的"提康德罗加"级只装备了68枚"标准"导弹，且发射间隔时间过长，后期的"提康德罗加"级采用了更快捷的垂直发射系统，平均1秒钟可以发射1发

导弹，"标准"导弹的携带量也增加到了 122 枚，足以抵挡大密度的饱和攻击。

精确的炮击

在反舰方面，"提康德罗加"级按照美国大中型舰船的标准配置装有 2 座四联装的"鱼叉"反舰导弹。此外，舰上 2 座 MK45 型 127 毫米舰炮也具有强大的反舰火力。该炮可发射重量为 32 千克的精确制导炮弹，炮弹的战斗部含有 72 颗子弹，射击误差不超过 10 米。

霸王兵器

美国"阿利·伯克"级驱逐舰

"阿利·伯克"级驱逐舰是美国海军"提康德罗加"级巡洋舰的补充舰，为美国的航母编队提供了有效的保护。该舰装备的"宙斯盾"区域防空系统在战时发挥了巨大的作用。

"阿利·伯克"级导弹驱逐舰是世界上第一艘装备"宙斯盾"系统并全面采用隐形设计的驱逐舰。它们的武器装备、电子装备高度智能化，具有极强的防空、反潜、反舰和反导弹的全面作战能力。

"阿利·伯克"级导弹驱逐舰建造量大，型号也多，它们都具有相同的舰体和动力装置，不同之处主要表现在武器装备的改进和更多高新技术的应用等方面。该级舰总共有Ⅰ型21艘，Ⅱ型7艘，ⅡA型10艘。此外，"阿利·伯克"级还远销海外。

隐身设计

该级舰采用了一种少见的宽短线型。这种线型具有极佳的适航性、抗风浪性和机动性，能在恶劣海况下保持高速航行。它也是美国海军按隐身要求设计

的第一型水面舰艇：舰体和上层建筑均为倾斜面，可以大幅减弱回波信号。其次在烟囱的排烟管末端安装红外抑制装置，以降低红外辐射量。

以攻代守

在反舰方面，该舰装备有四联装"捕鲸叉"反舰导弹发射装置两座。"捕鲸叉"导弹在巡航状态时的射程为 130 千米，可打击敌方的水面舰艇。除此以外，还可发射 MK－32－3、MK－46、MK－50 型鱼雷以应对水下潜艇的威胁。

海洋神盾

"阿利·伯克"级导弹驱逐舰引入著名的"宙斯盾"防护系统，该系统核心是相控阵雷达。它的天线由四块八角形的固定式辐射阵面构成，工作时借助于计算机对各阵面上的发射单元进行 360°的相位扫描，可完成探测、跟踪、制导等多种任务，可以同时搜索和跟踪上百个空中和水面目标。该雷达具有极强的抗干扰能力，可进行现代化的电子干扰作战。

霸王兵器
美国"佩里"级导弹护卫舰

"佩里"级导弹护卫舰是冷战时期的代表产物，该舰主要作为远洋两栖编队、补给编队以及护航运输船队中的反潜平台使用，是美国海军在役的唯一一级护卫舰。

"佩里"级护卫舰是美国海军通用型导弹护卫舰，可以完成防空、反潜、护航和打击水面目标等任务。它是世界最先进的导弹护卫舰之一，且因其造价适中而得以大批量建造。至1988年，美国共建造了60艘。

"豪华"居住条件

"佩里"级舰的上层建筑形成一个封闭的整体，这能为舰员和设备提供更多的空间。该级舰的生活设施良好，每名舰员平均拥有近20平方米的生活空间。

海上"圣骑士"

"佩里"级舰上武器配置较齐全，舰上设有1座MK－13/4型标准鱼叉导弹两用发射架、1门奥托·梅莱拉76毫米火炮、1座MK－15密集阵近程武器系统、2座三联装MX－32鱼雷发射管，以及2架反潜直升机。舰上的探测系统性能出众，尤其是声呐系统，除有1部舰壳声呐外，还有1部拖曳线列阵声呐系统。

维修师的宠儿

"佩里"级舰在设计过程中充分考虑到舰上维修方便的需要，尽量减少舰上维修工作量。对于需要修理的设备采取舰外供应、整机更换、舰外修理等方式，力求使舰上设备组件化。同时，在舰艇布置设计上，尽量使设备易于拆装和内部移动，并为拆装和移动这些设备设计了最佳通路以及在搬运路线上设置架空轻便轨道、滑车等。主推进燃气轮机可由该舰上层建筑上的排气烟囱卸出，且在40—127小时内可卸出并更换。

出师不利

1984年5月14日，美国海军的"佩里"级"斯塔克"号导弹护卫舰在波斯湾执行油轮护航任务中，被伊拉克空军"幻影"F1型战机发射的两枚"飞鱼"空舰导弹击中，舰体受到严重损坏，造成37人死亡。令人不解的是伊导弹的攻击是在美军的监视下发生的。

霸王兵器

美国"塔拉瓦"级两栖攻击舰

美国海军的"塔拉瓦"级军舰是一种具有攻击、运输和登陆指挥作战等综合性能的两栖作战攻击舰，它是为满足美海军舰船"均衡装载"的需要而设计研制的。该舰的诞生使美国海军的登陆作战能力有了稳步提升。

"塔拉瓦"级是世界上最大的综合性两栖舰。它是根据登陆作战中的"垂直包围理论"发展而来的新型登陆舰艇。它兼有直升机攻击舰、两栖船坞运输舰、登陆物资运输舰和两栖指挥舰等功能，可在任何战区快速运送登陆部队登陆，或作为攻击舰实施攻击，还可作为两栖指挥舰指挥陆、海、空三军协同作战。该舰建于20世纪70年代。

一专多能

由于这种舰体体现了"均衡装载"的设计概念，一艘"塔拉瓦"号能完成3—4艘一般登陆运输舰承担的任务，因此，该舰服役后，能提高舰队的"灵活反应"能力，可相应地减少在役运输舰只的数量，并可节省燃油。在登陆作战区域，这种舰还可作为医用船、支援船和水面维修船使用。

五角大楼的利器

由于这种舰将登陆兵及其装备（如直升机、登陆艇和各种车辆）按比例装在一艘舰上，故可避免因一艘专用运输舰被击沉而丧失登陆部队的作战能力。因此，美国海军声称今后将大力发展新型通用两栖攻击舰。

该级舰有6架AV-8B攻击机，2座八联装"海麻雀"导弹发射架，2门127毫米口径火炮，6门25毫米口径自动火炮，2座20毫米"火神"密集阵防空火炮，8部雷达，4艘效用登陆艇或45艘履带人员登陆艇。

霸王兵器
美国"海狼"级核潜艇

"海狼"级是美国研制的一级多用途攻击核潜艇，美国不惜代价地将其打造成具有绝对领先性能和非同寻常的作战威力的海上武器，用以争夺全球霸主的地位。但这一超级核潜艇是否真的发挥了巨大的威力呢？

"海狼"级核动力攻击潜艇是冷战时期的产物，它航速快，噪声小，隐蔽性好，武器装备精良，指挥自动化水平高，性能非常优越，是世界上装备武器最多的一级多用途攻击型核潜艇。"海狼"使命是反潜、反舰，为美国海上水面舰艇编队和弹道导弹核潜艇护航，也可以运送特种部队来攻击陆上目标。

北极海狼群

"海狼"级采用水滴形艇体，接近最佳长宽比，阻力较小，有利于提高航速；采用"木"字形艉舵，操纵性好；艏部的橡胶声呐罩改成了钢罩，防止声呐受冰层的破坏，提高了破冰能力。

幽灵"海狼"

美国多年以来所获得的降噪技术在"海狼"身上全有体现。它的核反应堆装置经过了严格降噪设计，在艇壳外表面敷设了7.2万块消声瓦，使艇的辐射噪声比以前降低了50分贝。除降低噪声外，它还采取了消磁、减少红外特性等一系列隐形措施，因而"海狼"成为隐形潜艇中的范本之作。

用钱砌成的"杀人魔"

美国的"海狼"级核动力攻击潜艇应该是世界上最昂贵的潜艇，平均每艘耗资28亿美元，但后来因造价实在太昂贵了，1995年美国国会决定终止该计划，最后只批准建造三艘。最终，"海狼"级攻击核潜艇的总造价高达近80亿美元。

霸王兵器

美国"俄亥俄"级战略核潜艇

　　美国"俄亥俄"级战略核潜艇有着"当代潜艇之王"的美誉。就其整体性能而言，它当之无愧地成为当今世界上最先进的战略核潜艇。其结构设计与众不同，堪称当代潜艇的典范之作。

　　"俄亥俄"级战略核潜艇是美国的第四代弹道导弹核潜艇。该级潜艇隐蔽性好、生存力强、攻击威力大，它一次下潜，可连续在水下航行几个月不用上浮，可悄悄接近敌人的领海或近海海域，携载的导弹射程达到1万千米以上，可以进行战略攻击。

　　"俄亥俄"级是世界上最先进的战略核潜艇，它优异的性能和所携载的威力巨大的弹道导弹，被称为"深海虎王"。

"画皮"神效

　　美海军太平洋舰队的"密歇根"号核潜艇是"俄亥俄"级弹道导弹核潜艇进行装备改装后的产物。改装后的潜艇成为多用途导弹核潜艇，可作为具备隐身能力的巡航导弹载体，并可搭载

特种部队应付地区冲突等突发事件。

难逢敌手

　　"俄亥俄"级核潜艇是世界上单艘装载弹道导弹数量最多的核潜艇。它携带24枚三叉戟Ⅰ型或三叉戟Ⅱ型导弹，射程达1.1万千米，其威力足以摧毁一座大城市。三叉戟导弹可以从全球任何一片海域射向全球任何一个目标。

卧薪尝胆

　　"俄亥俄"级核潜艇的出航时间一般在70天，之后只需重返基地保养25天便可再次出航。每一艘潜艇都有蓝组和金组两组船员，轮流当班，当一组出海巡航时，另一组便在陆上享受假期，并为下一次出海作准备。"俄亥俄"级核潜艇平时的任务就是隐藏自己，既不会用来封闭敌方航道，也不会去执行反潜任务，它只是卧薪尝胆以求最后的致命一击。

虎王神威

　　时移势易，随着战争形态的变化，美军日趋需要具有海对岸攻击能力。于是4艘"俄亥俄"级核潜艇被削减改装为能发射154枚"战斧"导弹的巡航导弹核潜艇，并具有搭载"海豹突击队"特种运载舱执行渗透任务的能力。

霸王兵器

美国"弗吉尼亚"级核潜艇

"弗吉尼亚"级核潜艇是美国海军建造的一级多用途攻击型核潜艇，它保留了远洋反潜能力，并成为美国海军 21 世纪近海作战的主要军事力量。该级核潜艇以强大的作战能力向世界展示其神威。

作为美国海军在建的最新一级多用途攻击型核潜艇，"弗吉尼亚"级体现出 21 世纪潜艇作战的新特点，具有用途广、隐形性能好、作战能力强等许多优点。它将替换即将退役的"洛杉矶"级攻击型核潜艇，成为美国海军 21 世纪近海作战的主要力量。

"弗吉尼亚"级核潜艇具有强大的反潜、反舰、远程侦察、执行特种作战的能力。另外采用自动导航控制设备的"弗吉尼亚"级核潜艇的近海作战能力尤其突出。

近海争锋

"弗吉尼亚"级核潜艇的作战任务与以往的快速攻击型核潜艇有明显的不同，它强调的是近海作战，而不是深海巡逻能力，它更加注重打击近海的敌对目标，主要是在海岸与大陆架外缘之间的区域活动。为了适应近海作战，"弗吉尼亚"级核潜艇装备了一系列收集情报用的电子探测装置，还装备有可发射"战斧"巡航导弹的攻击系统。

海上"爱因斯坦"

"弗吉尼亚"级潜艇拥有世界最先进的声呐系统。光纤传感器取代老式潜望镜，能将周边环境图像传送到指挥舱的电脑屏幕上。它的噪音仅为当今潜艇标准的 1/10。1 艘"弗吉尼亚"级核潜艇的计算能力超过 65 艘"海狼"级潜艇的计算能力总和；该潜艇采用了最新型的电子海图，不仅可以标出水下目标的方位或方向，而且可计算出水下目标的距离。"弗吉尼亚"级拥有无可比拟的智能操作系统。

霸王兵器

俄罗斯"库兹涅佐夫"号航空母舰

"库兹涅佐夫"号航空母舰是迄今为止俄罗斯海军唯一一艘在役航空母舰，被人们称为俄罗斯海军航母的"独子"。虽然该航母也存在种种弊端，但其威慑力不容小觑。

1983年2月22日，苏联在尼古拉耶夫船厂开工建造第一艘大型航空母舰，该舰又被称为1143.5级。"库兹涅佐夫"号航母1985年12月5日下水，1991年1月21日正式服役。有意思的是，该舰在建造中先后有过几个名字，"克里姆林宫"号、"勃列日涅夫"号和"第比利斯"号，由于政治风云的变幻，该舰最后被定名为"库兹涅佐夫"号。

火力强大

"库"舰装载了强大的防空火力。主力为4座SA－N－9垂直发射防空导弹，每座有6个发射单元，每个单元备弹8枚，总共备弹192枚，射程15千米；另有8座CADS－N－1"嘎什坦"弹炮合一近防系统，系统配置为2座30毫米6管炮和8枚SA－N－11近程导弹，火炮射程2 500米，导弹射程8 000米；此外还有AK－630型6管30

毫米炮4座,射程2 500米,发射效率为3 000发/分。

装备精良

　　作为反潜武器,该舰在舰尾两舷处各布置了1座RBU-12000十联装火箭深弹发射器,射程12 000米。其电子设备有:1部"天空哨"相控阵雷达;1部MR-710"顶板"三坐标对空/对海雷达;2部MR-320M"双支撑"对海雷达;4部MR-360"十字剑"火控雷达,用于SA-N-9;8部3P37"热闪"火控雷达,用于SA-N-11;1部"蛋糕台"战术空中导航雷达。电子对抗设备为"酒桶"和"钟"系列,另有2部PK-2和10部PK-10干扰箔条发射器。"库"舰的与众不同之处就是它是一个奇妙的"混合物":它既有舰队型航母特有的斜直两段甲板,又有轻型航母通用的12°上翘角滑跃式起飞甲板;没有装备弹射器,却可以起降重型固定翼战斗机。这之中的奥妙就在于它将英国首创的"滑跃式"起飞方式与自身气动性能优异的苏-27战斗机相结合,在牺牲飞机作战性能的情况下,终于拥有了自己的"大型航空母舰",但仍自称为"载机巡洋舰"。"库"舰的服役使世界海军中首次出现了滑跃起飞、拦阻降落这一新颖的航母起降方式。通常情况下,其载机方案为20架苏-33战斗机、15架卡-27反潜直升机、4架苏-25IJGT教练机和2架卡-29RLD预警直升机。

霸王兵器

俄罗斯"基洛夫"级巡洋舰

"基洛夫"级巡洋舰是一艘巨大的核动力舰艇，是第二次世界大战结束后建造的最大的巡洋舰。该舰又被称为"海上武库"，其舰载容量几乎涵盖所有海上作战武器系统，有着极强的舰队防空、反潜能力。

1980年5月，"基洛夫"级核动力巡洋舰——"基洛夫"号亮相波罗的海，它是苏联海军第一种采用核动力的巡洋舰。

航母克星

"基洛夫"级与敌方航母相遇后，可以按照苏联海军制定的饱和攻击作战原则，在一分钟内将自己装备的20枚SS－N－19型超音速反舰导弹全部射出。这种重量达到7吨、战斗部为750千克常规弹头或35万吨当量核弹头的导弹可以让敌方航母瞬间毁灭。

计划外的变迁

在最初的建造方案中，"基洛夫"级只是一型排水量在9 000吨左右、反舰导弹6—8枚的导弹巡洋舰，但苏联海军对此表示了强烈不满，几经修改，"基洛夫"级变成了一型排水量2.43万吨，采用核动力燃料的超级巡洋舰。

巡洋舰巨无霸

"基洛夫"级巡洋舰的满载排水量达到了2.43万吨，几乎是美国"提康德罗加"级巡洋舰的2.5倍，是目前为止吨位最大的巡洋舰。

武器装备

"基洛夫"级巡洋舰装备有12管RBU－6000火箭式深弹发射装置、SS－N－14反潜导弹发射装置、SA－N－6舰空导弹垂直发射装置、SS－N－19反舰导弹垂直发射装置、SA－N－4防空导弹发射装置、6管RBU－1000深弹发射装置和全自动炮等。

霸王兵器
俄罗斯"现代"级驱逐舰

"现代"级驱逐舰诞生于美国与苏联冷战的高峰时期。该舰属于俄罗斯海军第三代驱逐舰,其主要职责是反舰攻击,与"勇敢"级共同组成水面舰艇编队,在两栖作战中实施有效的火力支援、保卫海上交通线。

"现代"级导弹驱逐舰使命是攻击敌航母编队和其他大中型水面舰艇,在两栖作战中实施火力支援、保卫海上交通线和破坏敌军远洋补给等。中国也购入了几艘"现代"级驱逐舰。

防御至上

生存能力是现代军舰决胜远洋的保障。"现代"级驱逐舰特别重视军舰的防护。它的舰体由高强度钢制成,15道横壁将舰体分隔成16个水密舱段,它能够保证任意相邻三舱进水而使军舰不致沉没。"现代"级驱逐舰继承了苏联优良的造船传统,整体结构十分牢固。

海洋幽灵

"现代"级驱逐舰采用了低噪音五叶螺旋桨。为了减少雷达截面积,该级舰除了上层建筑壁采用内倾方法建造外,还在舰体上涂敷了数毫米的吸波材料,减少了被敌方雷达识别的概率。

海上娱乐场

"现代"级驱逐舰人均居住面积达到军官5平方米,士官3平方米,士兵2平方米的标准,并配有空调。"现代"级驱逐舰的生活环境可以算得上是"星级"旅馆标准。

斯拉夫利刃

"现代"级驱逐舰装有2座四联装"白蛉"超音速反舰导弹,有效射程达到120千米,可在海面20米的高度以美国"鱼叉"反舰导弹3倍的速度超低空飞行,只要一枚命中就可以让一艘8 000吨级的大型战舰彻底丧失战斗力。

霸王兵器

俄罗斯"台风"级核潜艇

"台风"级核潜艇是苏联在 20 世纪 70 年代后期为了充实战略核力量而发展起来的，是苏联的第四代弹道导弹核潜艇。它是世界上最大的一级核潜艇，并有着"水下巨无霸"的美誉。

"台风"级核潜艇是目前世界上最大的潜艇，作为潜艇家族中的巨无霸，它的排水量几乎是美国"洛杉矶"级核潜艇的 3 倍。作为俄罗斯海洋核力量的代言人，"台风"级汇集了苏联海军各型潜艇的优点，为各国海洋部队所重视。

巧妙的设计

"台风"级的设计耗费了设计师们很多时间，20 具导弹发射管置于帆罩前方，帆罩则位于艇身中段稍后。采月这种设计之前，如果潜艇在极短的时间内射出重达 20 吨的弹药，会严重地影响艇体平衡，而这种设计避免了以上状况的发生。"台风"级发射导弹的时间相当短，可在 15 秒内连续发射

两枚 SSN－20 潜射弹道导弹。

"深海狂鲨"

"台风"级采用双艇体结构，两个耐压艇体并列在非耐压艇体内，每个耐压艇体的直径为 8.5—9 米，这种结构大大增强了潜艇抗破坏性。独特的结构配合"台风"级浑圆的舰体，使得这种潜艇具有了撞碎 3 米厚冰层的破冰能力，而北极也成为"台风"级活动的天堂。

人性化的设计

在"台风"级核潜艇上服役的每位士兵都拥有两平方米的起居空间。在执勤 4 个小时后，士兵们可以去艇上的游泳池、桑拿室休息。此外，"台风"级的伙食也是俄罗斯潜艇中最好的，每日 4 餐中都少不了鱼子酱、巧克力等。"台风"级被称为俄罗斯海军的"保姆"。

良好的机动性

"台风"级核潜艇装备大功率长寿命核反应堆，使潜艇拥有 30 节航速，这大大增强了"台风"级核潜艇的机动能力，艇虽大，但活动能力丝毫不受影响，可以连续航行 12 年而不用更换新的核燃料。

霸王兵器

俄罗斯"基洛"级攻击潜艇

"基洛"级是目前俄罗斯出口量最大的潜艇级别。它以火力强大、噪音小而闻名。"基洛"级攻击潜艇外形设计独特,呈水滴形外观,双壳体结构,并采用良好的隔音材料,西方人曾称该潜艇为海洋中的"黑洞"。

"基洛"级又称"K"级,首艇于1981年服役。"基洛"级的水声设备以及武器装备系统等方面都足以和西方同类潜艇相媲美。"基洛"级原型编号为877型,发展型有636型和636M型。

深海噩梦

"基洛"级潜艇采用光滑水滴形线型艇体,经过精密计算设计出了该艇的最佳降噪形态。潜艇外壳嵌满了塑胶消声瓦,不但能吸收本艇噪音,还可以减少对方主动声呐的声波反射。"基洛"级潜艇的噪音降到了118分贝。

在"基洛"级潜艇的艇体上覆盖着厚厚的一层块状橡胶体结构,它不但能抑制吸收艇体的自噪声和辐射噪声,还能阻止敌人主动声呐的探测,使得潜艇水下的辐射噪声进一步降低。"基洛"级是世界上最早采用消声瓦技术的潜艇之一,而目前世界上的先进潜艇都已采用了这种技术。"基洛"级成为大洋中的"黑洞",亦成为北约军方难以逾越的深海噩梦。

"海上屠夫"

"基洛"级主要作战用途为反潜和反水面舰艇,也可执行一般性侦察和巡逻任务。该型潜艇被认为是世界上最安静的一种柴油机动力潜艇。"基洛"级潜艇发现敌方潜艇的距离是敌方发现该级潜艇的3—4倍。"基洛"级被誉为"海上屠夫"。

霸王兵器

法国"戴高乐"级航空母舰

冷战结束后，局部战争与地区威胁加剧，法国海军逐渐将常规打击作为国家战略的主导，而发展核动力航母正是实施有力打击的最好手段，因此"戴高乐"级航空母舰应运而生，成为法国航母舰队的主力。

"戴高乐"级航空母舰是法国海军第一种核动力航空母舰，也是世界上唯——种采用核动力的中型航空母舰。

"总统号"的出世

1980年，法国海军正式提出了代号为PA－88的航母建造计划，以取代舰体老化、设备较为陈旧的"克莱蒙梭"级航空母舰。在接下来的四年中，法国海军通过技术论证，最终确定新型航母为核动力、中型、搭载固定翼飞机的新型航母，并以法国已故总统夏尔·戴高乐的名字为新航母命名。

核潜艇的"心脏"

和其他中型航母不同，法国海军没有为"戴高乐"级航母单独研制核反应堆，而是将两艘法国导弹核潜艇已经装备了的K－15型反应

堆直接搬到了航母身上。这种"偷懒"的设计让"戴高乐"的航速
比常规潜艇的 30 节速度还慢（只有 28 节）。

艺术和实用的二重奏

"戴高乐"级航母继承了法国军舰一贯的艺术特性，舰体光洁流
畅，富有现代气息。为了迎合法国海军倡导的隐身性，"戴高乐"级
从舰体到上层建筑全部进行了隐形处理，大大减少了雷达和红外线反
射截面，堪称完美的"海上艺术品"。

更简化的弹射

由于"戴高乐"级航母的载机数量只有美国"尼米兹"级航空
母舰的一半，因此该航母只在轴向甲板和斜角甲板上安装了两部美
国的 C－13 型蒸汽弹射器，最大弹射距离为 99 米，足以将法国海
军所有现役飞机送上蓝天。由于 C－13 型蒸汽弹射器可以每隔 20
秒送一架飞机上天，航母上的 40 架作战飞机可以在极短的时间内飞
离母舰。

标准的动机

"戴高乐"级航母的标准载机方案是 30—33 架"阵风"M 型战
斗机、3 架 E－2C"鹰眼"预警机、4—6 架"黑豹"反潜直升机，攻
击能力直逼"尼米兹"级航母。此外，"戴高乐"级航母还装有多种
以防空为主的舰载武器，其中"紫菀15""西北风"防空导弹再加上
舰载 20 毫米防空高炮构成了一道防空"天网"。

霸王兵器
法国"拉斐特"级护卫舰

在当今世界现役的战舰中，外形最漂亮的当数法国"拉斐特"级护卫舰。具有艺术天赋的法国设计者以优美的造型、流畅的线条打造了这艘真正意义上的隐身战舰。它的诞生为战舰隐身化的发展奠定了坚实的基础。

"拉斐特"级护卫舰建造于 20 世纪 90 年代，该舰是世界上第一种在外形、红外线、水声等多个方面都采用了隐身设计的军用舰船。"拉斐特"级不但开创了战舰隐身化设计的先河，也充分展现了法国卓越的造船技能。

法兰西艺术品

需要指出的是，"拉斐特"级舰上没有林立的烟囱和眼花缭乱的雷达天线，除必须暴露的武器装备和电子设备外，舰上所有的设备一律采取隐蔽安装。直升机被安排在机库中，"飞鱼"反舰导弹发射装置安置在甲板下，军舰外表光洁得就像一座海上工艺品。

幽灵本色

为了达到隐身的效果，"拉斐特"级水面以上的各部分几乎没有一个直角，所有的舰体结合部分都采用了倾斜角圆滑过渡结构，以避免雷达波的反射。

笑傲蓝海

"拉斐特"级护卫舰最初被设计为一种多功能护卫舰，"拉斐特"在具备一定的反潜和反舰能力的基础上，更加突出了防空能力。目前"拉斐特"级舰上安装有 1 座 8 联装的"海响尾蛇"CN2 防空导弹发射装置和 2 门 20 毫米的防空舰炮。

霸王兵器

英国"无敌"级航空母舰

英国是航空母舰的发祥地，而皇家海军开发的"无敌"级航母为英国海军增添了神威。"无敌"级航空母舰的服役为英国海上作战提供了有力保证。

"无敌"级航空母舰于 1962 年开始着手设计，首舰 1973 年开工建造，现役三艘。1982 年英国、阿根廷马岛海战期间，首舰"无敌"号发挥了不可忽视的作用，深得英国海军的喜爱。它是世界上第一艘采用滑橇式甲板起飞的航母。

"无敌"战士的出世

英国是航空母舰的发祥地，20 世纪 60 年代的英国曾拥有 6 艘大型航母。由于第二次世界大战后英国国力日衰，再也无力建造像美国那样的大型核动力航母，但相信航母作战实力的英国海军又不想放弃航母，无奈之下只好用所谓的"全通甲板巡洋舰"来代替传统的舰队型航母，这就是后来的"无敌"级轻型航母。

险些难产

"无敌"级首舰"无敌"号的建造过程一波三折，先是英国造船工人的几次大罢工让它的工期和费用都朝着不好的方向发展，接着，英国政府又因为海军经费紧张，打算将"无敌"号卖给澳大利亚海军。不过好在这一计划尚未实施，英阿马岛战争就爆发了，随着"无敌"级在战争中的精彩表现，它最终在皇家海军中拥有了一席之地。

老瓶新酒

仅从外表看，"无敌"级保留了第二次世界大战时英国航母的所有特征，而第二次世界大战后最新发展的航母技术并没有在"无敌"级身上采用。原因很简单，英国人在"无敌"级身上运用了滑橇式甲板、电子升降平台、燃气轮机等更适合轻型航母的新技术。

霸王兵器
英国"海洋"号
两栖直升机母舰

直升机母舰是一种以舰载直升机为主要作战武器的大型水面舰艇。由于这种航空母舰可应用于多种作战任务，所以受到一些国家的重视，并得以广泛使用，英国的"海洋"号两栖直升机母舰就是其中之一。

直升机母舰是一种以舰载直升机为主要作战武器的大型水面舰艇。这种舰艇可用于执行作战指挥、反潜、反舰、两栖突击、海空控制、巡逻警戒乃至后勤支援等多项作战任务。

英国"海洋"号采用直通式甲板作为主甲板，其舰型、舰体结构、设施布置等方面与"无敌"级轻型航空母舰有许多相似之处。其长度达 170 米，宽度为 32.6 米，共设有 6 个飞机起降点。由于主要用于搭载直升机，飞行甲板首端不设"无敌"级航母那样的滑橇式甲板。

"海洋"号的诞生

20 世纪 60 年代，英国人开始把重点放在建造直升机航母上，并着手建造"海洋"号直升机航母，设计排水量为 20 500 吨，航速 20 节，可以载直升机 18 架，机库内还可以容纳 12 架，必要的时候也可以载"海鹞"式攻击机。

霸王兵器

英国"谢菲尔德"级驱逐舰

1966 年英国海军正式发布了设计新一代驱逐舰的需求，将该舰用于特混编队的区域防空，同时要求其具有反潜和对海作战能力，在作为特混编队成员的同时又可独立作战，"谢菲尔德"级驱逐舰就是在这一背景下应运而生的。

应运而生

20 世纪时，英国的 8 艘"郡"级导弹驱逐舰需要有新一级的驱逐舰来替换；20 世纪 60 年代至 70 年代初由原航母改装的两栖攻击指挥舰需要由新一代的驱逐舰护航。鉴于此，1966 年英国海军参谋部正式发布了设计新一代驱逐舰的要求，主要用于特混编队的区域防空，同时要求有反潜和对海作战能力，既可作为海军特混编队的成员，又可独立作战。"谢菲尔德"级应运而生。"谢菲尔德"级 42 型为高干舷平甲板型的双桨双舵全燃动力装置驱逐舰。它的线型船体是按在静水和风浪中具有最佳的巡航速度和最高航速设计的。主船体由主横隔壁划分为 18 个水密舱段，舰内设二层连续甲板，主横隔壁至 2 号甲板为水密结构。

42 型舰的通信系统由 ICS 综合通信系统组成。第一批舰装备的是 ICS – 2A 综合通信系统；第三批舰装备的是 ICS – 3 综合通信系统；根

据 ICS－3 综合通信系统开始装备舰艇的时间判断，第二批舰很可能既有装备 ICS－2，又有装备 ICS－3 的，即前两艘装 ICS－2，后两艘装 ICS－3。

装备武器

"谢菲尔德"级驱逐舰装备有 1 座 MK－8 型单管 114 毫米主炮、1 座两联装"海标枪"中程舰空导弹发射装置、2 门"厄利孔"20 毫米单管炮、2 座 MK－32 型 3 联装 324 毫米鱼雷发射管，这些武器共同承担着反舰、反潜、防空和对陆的作战任务。另外舰载四架"山猫"反潜直升机用于执行远程反潜任务。

霸王兵器

英国 23 型"公爵"级护卫舰

"公爵"级护卫舰是英国皇家海军现役舰艇中数量最多的水面战舰。该舰装备了强大的武器系统，同时具有防空、对舰等立体攻防能力，其反潜能力尤为突出。它的问世，为英国海上力量增添了全新的动力。

23 型"公爵"级护卫舰建造于 20 世纪 80 年代，它是英国海军在 20 世纪 90 年代末到 21 世纪初的主要水面作战舰艇，它承担了英国海军的大部分水面战斗任务。该舰拥有世界上最好的静音效果。

角色改变

23 型护卫舰最初主要用于反潜。1982 年英阿马岛战争后，英国海军意识到自己的军舰存在着众多问题，这使得他们对 23 型

护卫舰的设计方案进行了修改，包括加装了近程防空导弹和大口径舰炮。因此，23 型在具备反潜能力的基础上，还具备了相当强的防空和反舰能力。"公爵"级成为实战中最得力的舰种。

无声"公爵"

23 型护卫舰的主要战斗任务是反潜作战，为了达到最佳的攻击效果，该舰采用了大量降低噪音的措施，该舰将所有的柴油机和发电机都安装在减震浮筏上，以防止震动噪音传入水中。

23 型护卫舰是世界上最早采用舰体隐身设计的护卫舰，其舰体两舷水线以上部分大约有 10°的倾角，上层建筑侧壁内倾约 7°，并尽量让结合部圆滑而没有尖锐角度。此外，上层建筑的高度也比 22 型护卫舰少一层，烟囱经过了冷却处理，舰体上大量使用了雷达吸波材料，使其雷达反射面积仅为 42 型驱逐舰的 20%。

防御为主

23 型护卫舰的设计者吸取了马岛战争中被阿根廷海军击沉的"谢菲尔德"驱逐舰上消防区域过少、铝制材料易于燃烧的教训，将 23 型护卫舰上的消防区域设置为五个，并且将舰上材料一律改为耐高温的钢材，对指挥室、弹药库等重点区域加装了多层防护。

霸王兵器

日本"榛名"级驱逐舰

"榛名"级驱逐舰是以日本本州岛中北部地区的一座高山的名字命名的。它的服役为日本的海军编队注入了新生力量，同时也为日本海军开启了崭新的征程……

"榛名"级驱逐舰是日本第一种大型反潜驱逐舰，它的服役使日本成为世界上最早装备直升机驱逐舰的国家。日本海上自卫队也以"榛名"级驱逐舰为核心组建了著名的"八八舰队"，这也是日本海上舰队重新崛起的重要标志。日本海洋军事力量已不容小视。

大和"鬼刀"

第二次世界大战结束后，苏联组建了一支强大的海上潜艇力量，使日本感觉潜艇对本国的水面舰艇的威胁日益增加。而日本海上自卫队最初服役的"高月"级驱逐舰已成为潜艇的活靶子。为此，日本于20世纪70年代初启动了"榛名"级的建造计划。

一切为了反潜

"榛名"级舰上可以搭载3架10吨级的大型直升机。为了加载反潜机，"榛名"级将舰炮和导弹发射装置安排到了舰体前部。为了反潜，"榛名"级装有从加拿大引进的"捕熊阱"拉降装置，这可保证直升机在船体摇晃20°的情况下安全起降。

"榛名"级舰上最主要的反潜武器是舰载的SH-60J"海鹰"反潜直升机。该机可携带反潜鱼雷等多种反潜武器，续航时间可以达到4小时12分，可对50海里范围内的潜艇进行连续攻击。此外"榛名"级还装有"阿斯洛克"反潜导弹发射装置和2座68型鱼雷发射装置，前者可攻击20千米内的敌方潜艇，后者单枚命中率就可让一艘3 000吨级的潜艇重伤或沉没。

霸王兵器图鉴

BAWANG BINGQI TUJIAN

战 车

霸王兵器

美国 M60 系列主战坦克

M60 系列主战坦克是美国陆军 20 世纪 60 年代以来的主要制式装备，共四种车型。M60A1 是 M60 的第一款改进型号，该型提升了火炮的射击精度；M60A2 加强了主战坦克的远程火力；M60A3 换装了大功率的发动机和被动观瞄仪，性能得到提高。

换代坦克

M60 坦克是在 M48A2 坦克基础上研制而成的换代主战坦克，1956 年开始研制，1959 年 3 月 M60 坦克定型，1959 年 6 月首批生产合同（180 辆）签订，由克莱斯勒公司生产。与 M48A2 坦克相比，M60 坦克主要是采用了新的 105 毫米火炮、改进型火控系统和柴油机等，火力加强，行程大为提高。该系列主战坦克是美国陆军 20 世纪 60 年代以来的主要制式装备，它包含 M60、M60A1、M60A2 和 M60A3 这四种车型。

英雄本色

美国 M60 主战坦克历经了多次改型，M60A1 是该坦克的第一种改进车型，底盘仍保留 M60 样式，主要改进是采用了尖鼻状新炮塔以减少炮塔正面的表面积，后来又相继安装了火炮双向稳定器（1972年）和潜渡设备（1977 年）等，于 1962 年开始生产并装备部队。到

1985 年 5 月，M60 系列坦克共生产 15 000 多辆。M60、M60A1 和 M60A3 三种车型坦克的主要武器均是 1 门 105 毫米 M68 式线膛炮，另外在车长指挥塔上装有 1 挺 12.7 毫米 M85 式高射机枪，机枪能够随指挥塔一起旋转，俯仰范围为 –150— +60°，可对空射击低空飞行的直升机或打击地面目标，车长在指挥塔内瞄准和射击。主炮左侧安装 1 挺 7.62 毫米 M73 式并列机枪，1978 年已改装 M240 式机枪，用 M13 型 100 发的金属弹链供弹。1977 年 M60A1 坦克加装了 M239 型烟幕弹 – 榴弹发射器，炮塔两侧各 6 个。

性能提高

作为 M60 的第一款改进型号，M60A1 最大的进步体现在减小炮塔表面积，提升火控系统性能，采用新式机电模拟式计算机代替原先的机械式计算机，从而提升了火炮的射击精度。此外，还增加了火炮电液双向稳定系统和乘员被动式夜视装置，从而具有夜间作战能力，因此被称为被动式 M60A1 坦克。

M60A2 换装了新的炮塔和新型大口径两用炮，进一步加强了主战坦克的远程火力。1973 年 4 月装备陆军第二装甲师 59 辆，1975 年装备驻欧美 6 个营，每营 59 辆。目前该坦克已退役。

M60A3 是 M60Al 的改进型，换装了大功率的发动机和被动观瞄仪，1978 年又安装了新的测距仪、弹道计算机、M240 高射机枪和 M239 烟幕弹发射器。

M60 系列后来的发展型坦克安装了乘员三防装置，配备了 E37R1 型毒气过滤装置，每个乘员均配备 E56R3 型防毒面具。坦克动力舱内装有 C02 灭火系统。火炮防盾装甲厚度为 178 毫米，炮塔和车体正面装甲厚度均为 110 毫米。

霸王兵器
美国 M2 步兵战车

M2 步兵战车车体为铝合金装甲焊接结构，配备各式先进武器，具有超强火力。有多种变型车。M2 步兵战车在海湾战争中为美军的主战坦克在目标识别上提供了巨大帮助。

步兵神腿

M2 步兵战车于 1983 年正式装备部队，共生产了约四千辆，车体为铝合金装甲焊接结构，双人炮塔上安装 1 门链式炮、1 具导弹发射器和 1 挺并列机枪。该型火炮采用双向供弹方式，可以单发或以 100 发/分、200 发/分的射速射击。炮手配备昼夜合一瞄准镜及夜视用红外热成像装置。炮塔的转动、火炮和导弹发射架的俯仰采用电动式，发动机为水冷涡轮增压柴油机。车内装有气体过滤装置、自动灭火装置。火炮两侧各装一组四具烟幕弹发射器。

尚需改进

M2 步兵战车装甲防护较弱；缺乏与主战坦克的交战能力；无激光测距仪和定位导航系统，在沙漠中易迷失方向。

超强火力

M2 步兵战车配备了各式先进武器，足以使该型步兵战车应付各种紧急情况。M2 的机关炮虽只有 25 毫米口径，但其却能发射具有贫铀弹芯的 25 毫米穿甲弹。这种穿甲弹在集中使用时，能够将苏联 T55 主战坦克的侧装甲击穿。

密切配合

在现代战争中，步兵战车的主要作战任务是协助主战坦克进行配合作战。M2 步兵战车有着优秀的远程目标识别能力，在海湾战争中为美军的主战坦克提供了伊军大量的远程目标方位，从而大大加快了战争进程。

霸王兵器

美国"斯特瑞克"装甲车

与美军轻型装甲部队的现役装备相比，"斯特瑞克"装甲车火力更强大，防护性能更好，但它的灵活性又优于美军重型装甲部队的M2布雷德里步兵战斗车和M1主战坦克。

"斯特瑞克"装甲车由加拿大通用动力公司生产，在20世纪90年代末装备军队。2002年，经过多项试验评估及严格分析论证后，美国陆军最终选中"斯特瑞克"装甲车作为过渡型旅级战斗部队的装备，受到官兵的一致好评。

"斯特瑞克"装甲车装备了先进的车载设备。该车安装了战斗指挥与机载无线电子、全球定位等先进系统，能够满足现代战争需要。此外，该车还采用了先进的降噪措施，相距六七十米远也不易听到它的声音。

2003年10月，装备有三百多辆"斯特瑞克"装甲车的美军第二步兵师第三旅进驻伊拉克。12月15日，该部一支部队与反美武装发生遭遇战。战斗中，美军打死了11名反美武装人员而自身无人员伤亡，"斯特瑞克"装甲车初战告捷。

美中不足

尽管"斯特瑞克"在多次演习及实战中表现出色，但还谈不上完美无缺。首先，"斯特瑞克"未能满足美军原计划设计的额定载重，因此导致了"斯特瑞克"旅的最佳部署距离从1 852千米减小到1 389千米。其次，防护能力有待提高。尽管加装金属栅格装甲是一种行之有效的措施，但它的副作用是降低了车辆的操控性，影响乘员正常上下车，特别是增大了车辆的重量和宽度。再次，化学传感器试验屡屡失败，这也是核生化侦察车至今无法投入装备的直接原因。除此之外，"斯特瑞克"在伊拉克作战中还暴露了侦察传感器作用距离短、与后方的通信能力差等问题。

霸王兵器

美国 AAV7 系列两栖步兵战车

　　AAV7 两栖步兵战车采用喷水推进，体积也逐步缩小，可进行水陆转变作战，陆上快速灵活，水中行进自如，机动性能良好，具有在恶劣作战条件下生存的能力。

水陆两栖

　　1971 年 8 月，美国海军陆战队首次使用了 AAV7 两栖战车。AAV7 两栖战车的车体为铝合金装甲板整体焊接式全密封结构，能防御轻武器、弹片和光辐射烧伤。全封闭炮塔安装在车前右侧，塔上装有单扇后开舱盖，有 9 个观察镜，倍率为 1 倍和 8 倍的瞄准镜和 1 个直接周视瞄准镜。武器为 1 挺 M85 式 12.7 毫米机枪。25 名全副武装的士兵可坐在车后载员舱的 3 条长椅上。

水中突击

　　该车车体呈流线型，两个装在车体后部两侧的喷水推进器驱动车体在水中浮动。它在水中最大浮动速度为 12.87 千米/时，同时它也可以用履带划水驱动。

　　AAV7 两栖战车能顺利进行由水中到陆地的战场转变，极其适于两栖登陆作战。AAV7 两栖战车可抵抗三米高的巨浪，并能游刃有余地在水中倒行、自由转向或旋转，水上机动性能良好。

陆地冲锋

　　AAV7 两栖战车不仅能在水中行进自如，它在陆地上更加快速灵活。目前，AAV7 的陆上最高时速已达 64 千米/时，比起老式的两栖登陆车有很大提高。AAV7 的最高爬坡度为 35°，而且还可以在沙漠、沼泽地区 360°转弯，穿越困难地形的能力极高。

霸王兵器
美国"悍马"军用吉普车

一提起悍马，人们立即会想到具有越野之王称号的车辆，悍马因其高性能、多用途而备受各国军事爱好者的喜爱及青睐，"悍马"系列吉普车产量高，销售范围广，出口到多个国家和地区。

1983 年，美国通用汽车公司设计研发了采用中置引擎设计，配备 V86.2 升强力柴油机，四轮独立悬挂系统，并具有永久式四驱系统和低矮车身的 HMMWV 车。该车于 1984 年通过各种严酷的环境测试，使其成为高性能的多用途越野车，并被授名为"悍马"。

至今"悍马"系列吉普车产量已高达 14 万辆，在美国陆军之中几乎无处不见，而且有四万辆出口到三十多个国家和地区。

突击战车

1991 年 2 月 26 日凌晨，美国军队"海豹"特种部队驾驶"悍马"突击车直插科威特国际机场，并一举占领该地。该车为提高机动性，整车只有车架，无装甲、车篷，发动机不加盖露在外面靠风冷降温。该车总重 1 630 千克，最大时速可达 135 千米，越野时速也可达 60 千米—120 千米。"悍马"已成为突击战车中的明星。

霸王兵器

俄罗斯T-90主战坦克

T-90是俄罗斯陆军最先进的陆战装甲装备，是在T-72BM的基础上研制而成的。该型坦克采用了大量新型防护装甲技术，是世界上防护最好的主战坦克之一。

T-90主战坦克是俄罗斯下塔吉尔工厂生产的组合式坦克，它采用T-72主战坦克的炮塔，T-80主战坦克的底盘，只有火控系统是专门研制的，其总体性能列于世界前茅。1996年1月，俄罗斯国防部决定逐渐把T-90主战坦克变成俄罗斯武装部队使用的单一生产型坦克。

防护系统

T-90装有"旋托拉"光电干扰系统，当发现自身被制导光束照射时，炮塔就会自动转到激光束射来的方向并迅速发射特种榴弹。榴弹爆炸后可产生持续20秒钟的烟幕，从而有效遮蔽激光束对坦克的照射。据测试，该光电干扰系统可使如"陶"式导弹、"龙"式导弹、"狱火"导弹等的命中率降低3/4或4/5，使"霍特"导弹和"米兰"导弹的命中率降低2/3。该光电干扰系统还可以削弱采用激光测距仪的敌方火炮的作战效能，又可为夜视系统提供照明。车长和炮长各自拥有其全景稳定式热像仪，具有搜索、发现和指示目标的能力。即使在夜间，最大有效视距仍可达3700米。

霸王兵器

俄罗斯 BMP 系列步兵战车

　　BMP 系列步兵战车功能全面，威力强大，设施先进。BMP 系列步兵战车以 BMP－1 步兵战车为基型车。BMP－1 步兵战车是世界上最早装备部队的履带式步兵战车，1967 年在红场阅兵式上首次亮相，装备苏军及二十多个国家的军队。

功能全面

　　1966 年，苏联和华约各国以及朝鲜、古巴等二十多个国家装备了 BMP－1 步兵战车，共生产了约二万四千辆。该车能在行进间浮渡江河，能迅速通过放射性污染地区，扩大核突击效果，这种战车引起当时各国的广泛关注。BMP 步兵战车为钢装甲全焊接结构，动力传动前置，以水冷式柴油机为主要动力，采用机械式变速箱提高了速度。主要武器除火炮外，还携带 4 枚"萨格"反坦克导弹，车体后部有两扇尾门。BMP－1 和 BMP－2 有三防装置。车上共有 9 个射击孔。改进型 BMP－2 于 20 世纪 80 年代初装备苏军，携带 4 枚"拱肩"反坦克

导弹。

强大威力

BMP－3 步兵战车是苏联第三代履带式步兵战车，它第一次露面是 1990 年在红场阅兵中，它的出现引起了各国广泛重视。其性能比 BMP－2 步兵战车有了很大提高。BMP－3 步兵战车的特点是有 1 门既能发射普通炮弹，又能发射导弹的 100 毫米滑膛炮，它是世界上迄今步兵战车装备的口径最大的火炮。该型战车发射的导弹型号为 9M117 型，其射程 4 000 米，战车主炮能穿透 500 毫米厚的均质钢装甲。辅助武器有 30 毫米的机关炮 1 门 7.62 毫米并列机枪 1 挺和同口径车首机枪 2 挺。该步兵战车全重 18.7 吨，乘员 3 人，载员 7 人，最大公路行驶速度为 70 千米/时，最大行程为 600 千米。

设施先进

除了强大的火力性能之外，BMP－3 步兵战车在内部构件与火控系统上都精益求精。目前，新改进的 BMP－3 型步兵战车已配备功率强大的 UTD－32 发动机，并拥有强制冷却系统、新型反应装甲与"阿罗妇"主动防御系统等。这些先进的设备使得 BMP－3 步兵战车如虎添翼，增强了其可靠性与可维护性。

霸王兵器

乌克兰 T-84 主战坦克

　　T-84 坦克火力较强，且有良好的防护力，该型坦克最大的特色是它突出了机动性。T-84 将苏式坦克的短小精悍及西方坦克的注重乘员生存能力及操作舒适性等优点很好地结合到了一起。

　　乌克兰 T-84 主战坦克是当代世界上优秀的主战坦克之一，它继承着 T-64、T-80 主战坦克的优异禀赋，是以 T-80 主战坦克为蓝本加以技术改进而来的，但其火力、机动性、防护力已有相当大的改进。

超强机动性

　　T-84 最值得称道的是它的机动性。它优异的机动性，使其可在战场上以高达 50 千米/时的速度行驶，在没有准备的情况下，可涉过水深 1.8 米的河流，若采用通气筒后，涉水深可达 5 米，是一种较为典型的水陆两栖坦克。T-84 主战坦克战斗全重为 4 600 千克。为提高其机动性能，T-84 主战坦克采用功率为 882.6 千瓦的 6 缸柴油发动机，比 T-80 功率大 147 千瓦；最大公路速度为 65 千米/时。

另走捷径

　　当今世界主战坦克的研发方向多在火力与防护力上下功夫，如英国的"挑战者"系列，就尤为突出了坦克防护力的重要性。而乌克兰 T-84 主战坦克却突出机动力的重要性，可谓是颇具特色。事实上，超强的机动性也有利于提高坦克的生存概率。例如 T-34 坦克就是以其机动性来和德军的"虎式"坦克对抗的，这种对抗增加了 T-34 坦克胜出的概率。

霸王兵器

法国 AMX"勒克莱尔"主战坦克

AMX"勒克莱尔"主战坦克性能优良，拥有先进的数字化电子系统，使坦克的战场生存能力得到了极大的提高。自动装填系统使得作战操作程序简化，坦克战斗力也得到提升。

法兰西意志

为了纪念第二次世界大战期间率领法国装甲二师解放巴黎的菲利普·勒克莱尔将军，法国研制了"勒克莱尔"主战坦克。"勒克莱尔"主战坦克于 1992 年 1 月研制成功并交付法国陆军。到目前为止，"勒克莱尔"坦克及其改进型的产量已达近千辆。

性能优良

"勒克莱尔"坦克采用 ESM500 型液力机械传动装置。由微处理器来控制发动机和传动装置，两者构成一个整体，更换动力传动装置仅需半个小时。在"勒克莱尔"主战坦克侧面有 6 个负重轮，主动轮在后，方向轮在前，还有拖带轮。这种坦克的最大公路时速高达 72 千米，最大公路行程为 550 千米。

数字化战车

AMX"勒克莱尔"主战坦克最先进的部分是它的数字化电子系统。此系统不但可以告知坦克乘员本车现在的位置，还能够侦察敌军的方位。而且该车先进的车载电脑，可以计算出坦克的最佳突击路线与撤退路线，这大大提高了坦克的战场生存概率。

突击"三人组"

AMX"勒克莱尔"主战坦克拥有自动装填系统，从而实现了减少车组成员的设计初衷，这一革新也打破了西方坦克固定乘员四人的传统设计，从而改善了坦克内部空间狭小的状况，简化了作战操作程序，提高了战斗力。

霸王兵器

英国"挑战者"系列主战坦克

"挑战者"系列主战坦克极为适合防御作战，在当代主战坦克中，此种坦克的防护力堪称一流。"挑战者"Ⅰ型坦克在对伊拉克战争中表现出众，创造了辉煌的战果。

不列颠之虎

1983年首先装备英国莱茵军团的"挑战者"Ⅰ型坦克，重62吨，可容纳乘员4人。它的车体和炮塔均采用乔巴姆装甲。乔巴姆装甲被看作第二次世界大战以来在设计和防护方面取得最显著成就的装甲系统，与等重量钢质装甲相比，该型装甲大大提高了抗破甲弹和碎甲弹的能力，但体积和重量增加不多。除采用乔巴姆复合装甲外，在海湾战争中的"挑战者"Ⅰ型还加装了反应装甲块。"挑战者"坦克的主炮沿用"酋长"坦克的120毫米线膛炮，备有多种弹种，备弹量64发。该坦克炮可以发射L15A4式脱壳穿甲弹、L20A1式脱壳弹、L31式碎甲弹等。辅助武器为1挺与120毫米线膛炮并列安装的7.62毫米L8A2式机枪和1挺安装在车长指挥塔上的7.62毫米L37A2式高射机枪。

战果辉煌

"挑战者"Ⅰ型坦克服役后，表现并不是很突出，但在海湾战争中，英国装7旅和装4旅的"挑战者"Ⅰ型坦克却表现非凡，击毁伊军十几辆主战坦克，而自身无一损伤。

数字化革命

"挑战者"Ⅰ型换装了新型数字处理系统、瞄准系统、传感器系统和火炮控制装置。改进型火控系统的主要目标是大大缩短从捕捉目标到射击所需的反应时间，赋予火炮对3 000米固定目标和2 000米活动目标射击较高的首发命中率。

坚固堡垒

英国坦克历来把坦克的防护性放在第一位。著名的"乔巴姆"装

甲就是英国于 1976 年自行研制成功的。这种装甲由两层钢板之间夹数层陶瓷材料组成，对破甲弹的防护力是均质钢装甲的 3 倍。"挑战者"I 型坦克的炮塔和车体正面 60°的弧度内以及侧裙板，都采用了"乔巴姆"装甲，铸就了"挑战者"的"金钢不坏"之身，而这也使得"挑战者"的体重达到了 62 吨。英国人骄傲地宣称，"挑战者"坦克的装甲可以应对反坦克武器的攻击，不仅能抵御破甲弹，防御动能弹和碎甲弹也非常有效。

趋向完美

在当今世界主战坦克的行列中，"挑战者"型主战坦克，以其防护超群、火力较强等特点受到不少国家的认同，这些国家都对其进行了大批量的采购。

在海湾战争中，"挑战者"I 型坦克除采用"乔巴姆"复合装甲外，还加装了反应装甲块，原有的钢制侧裙板也被反应装甲块取代，故此，该型坦克在战争中表现出众。

"挑战者"Ⅱ型主战坦克在 1998 年 6 月正式装备部队。到 2002

年，英国皇家陆军所有的团基本上都列装了该型坦克。"挑战者"Ⅱ型主战坦克是在"挑战者"I 型的基础上改进而成的。"挑战者"Ⅱ型坦克除采用增强的"乔巴姆"装甲外，还加强了顶部装甲防护。该坦克全重 62.5 吨，长（火炮向前）11.55 米、宽3.5 米，乘员 4 人。"挑战者"Ⅱ型坦克最高时速为 59千米，最大公路行程为 450千米。虽然它在同类主战坦克中时速是较慢的，但是这种坦克极为适合防御作战，其防护力在当代主战坦克中是数一数二的。

霸王兵器

英国"武士"步兵战车

　　"武士"步兵战车是经过海湾战争和伊拉克战争两次实战考验的装甲战斗车辆。为了不影响防护性,"武士"步兵战车上取消了射击孔,"武士"的另一个特点是没有安装反坦克导弹发射器。

武士雄风

　　"武士"步兵战车于 1986 年 1 月开始批量生产。第一批于 1986 年 12 月完成,共计 290 辆。该步兵战车主要装备英军野战部队和装甲机械部队,可协同坦克作战,输送步兵,并支援步兵。在车体结构上,采用铝合金焊接,炮塔为动力驱动或手动操纵。该车越野机动能力强,防护性能出色,优于其他步兵战车。战车全重 24 吨,乘员 3 人,载员 7 人。载员舱在车体后部,4 人在右,3 人居左,每人单个座位,座椅可用皮带吊起。该车最大行程为 500 千米,公路最大速度为 75 千米/时。

　　"武士"步兵战车主要武器是 1 门 30 毫米"拉登"机关炮,最大射程 4 000 米,有效射程 1 000 米。该机关炮可发射脱壳穿甲弹,在 1 500米的距离上可击穿倾角为 45° 的 40 毫米厚的钢装甲,比美国的 M2"布雷德利"、德国的"黄鼠狼"战车上的机关炮威力大。"武士"战车在实战中可用来攻击敌方的步兵战车和轻型装甲车辆,排除地雷等前进障碍,但若攻击敌方坦克则显得威力不足。

战场考验

　　"武士"步兵战车真正一战扬名是在 2003 年的伊拉克战争中。巴士拉是伊拉克重兵布防的战略要地,在英军围攻巴士拉的战斗中,虽然伊拉克军队顽强抵抗,但在"武士"步兵战车与"挑战者"Ⅱ型主战坦克的猛烈攻击下,英军还是如期拿下了巴士拉。在这次战斗中,"武士"步兵战车经受了考验,体现了良好的可靠性与防护性。

霸王兵器

德国"虎"式主战坦克

"虎"式主战坦克火力凶猛，威力强大。该型坦克久经杀场，威名远扬，是第二次世界大战中具有传奇色彩的武器。

猛虎出山

1941年5月26日，希特勒下令德国亨舍尔和波尔舍公司研制重型坦克。1942年7月经过样车试验，德军最后选择了亨舍尔公司的样车，命名为PzkpfwVI"虎"式重型坦克，随后开始批量生产。该坦克装备一门威力强大的88毫米火炮，装有炮口制退器，可以发射多种炮弹。"虎"式坦克是第二次世界大战德军的经典重型坦克，它在一系列战斗中威名远扬。1944年7月，一辆属于506坦克大队的德军"虎"式坦克在3 900米的距离上摧毁了一辆T－34坦克，由此足可见其火力之猛。而且这种坦克的正面装甲相当厚，即使正面直接被T－34或美制"谢尔曼"坦克击中，也不会有大碍。所以对当时盟军的坦克手产生了很大压力，盟军的坦克乘员对"虎"式坦克十分忌惮。但"虎"式坦克机动性很差，盟军坦克一般就利用它的这个弱点，绕到它的背后攻击。

虎踞战场

德国"虎"式坦克威力凶猛，第二次世界大战期间，"虎"式坦克对盟军造成了一定威胁。它强大的威慑力导致了英国将军蒙哥马利禁止一切报告提及"虎"式坦克的威力。而"虎"式I型坦克更是成为第二次世界大战中具有传奇色彩的武器，它在军事爱好者、装甲狂热者和第二次世界大战的史学家们之间成为一个永恒的流行主题。

霸王兵器

德国"豹"2A5/"豹" 2A6 主战坦克

"豹"2A5 主战坦克火力强大，火控系统精良。"豹"2A6 主战坦克具备良好的作战效能与实战价值，被欧洲许多国家引进。

双豹出击

"豹"2A5 主战坦克于 1995 年正式装备德国国防军。该坦克主炮是莱茵金属公司的 44 倍口径 120 毫米滑膛炮，辅助武器为一挺 7.62 毫米并列机枪和一挺 7.62 毫米高射机枪。炮塔后部两侧各装有 8 个烟幕弹发射器。火炮采用双向稳定，火炮和炮塔的驱动装置为全电动，采用的弹药一种是 DM－13 超速尾翼稳定脱壳穿甲弹，一种是 DM－12 多用途破甲弹。

科技领先

"豹"2A5 坦克精良的火控系统是由克鲁伯·阿特拉斯电子公司设计的，包括 1 个内装激光测距仪和具备视像独立稳定功能的 EMES－15 型炮长用潜望式组合（昼夜合一，热成像）瞄准镜。车长和炮长可在全天候条件下捕捉目标，炮长和车长都可以开炮射击。车长不仅能通过目镜看到图像，而且其监视器还可显示炮长昼夜观察的图像。"豹"2A5 用全电式炮控和炮塔控制系统代替液压式系统，既安全快捷又减少了噪音。"豹"2A6 在"豹"2A5 型的基础上又加以

改进，用 55 倍口径的 120 毫米火炮代替 A5 型的 44 倍口径火炮，增加了火力。

武器装备

德国"豹"2A6 主战坦克自问世以来受到了普遍的赞誉。长期以来，坦克的火力、防护力、机动力一直是既互相制约又互相促进的三大设计要素。如何处理好这三者的关系，直接影响坦克的作战效能与实战价值。德国"豹"2A6 主战坦克在这三项坦克设计要素上，均有极为出色的考虑，因此也就难怪"豹"2A6 能连续坐上世界主战坦克排行榜的头把交椅了。目前，欧洲许多国家已把"豹"2A6 主战坦克作为本国的主要引进兵器，"豹"2A6 一直畅销不衰。

霸王兵器
德国"鼬鼠"空降战车

"鼬鼠"空降战车可谓是"钢铁小精灵"。1985年，"鼬鼠"空降战车定型，军方与波尔舍公司签订了供货合同。小巧玲珑的"鼬鼠"战车多次在各种武器装备展览会上亮相，令参观者驻足。

"鼬鼠"出洞

"鼬鼠"空降战车是波尔舍公司为满足德国空降兵部队的要求而进行研制的。1990年8月，首批"鼬鼠"空降战车服役。为满足空降需要，该战车全重仅有2 750千克，是目前世界上现役装备中重量最轻的空降型装甲战车。该战车为履带式，因安装的武器不同而分为机关炮型和导弹型。机关炮型空降战车乘员为两人，主要武器是1门20毫米的机关炮，弹药基数400发，主要任务是对付轻型装甲目标和软目标。导弹型战车乘员三人，主要武器是"陶"式反坦克导弹系统，导弹基数7枚，导弹射程为65—3 000米，主要任务是对付重型装甲目标。

轻灵机动

"鼬鼠"轻巧灵活的车身设计使该车拥有了一般战车无法企及的高度机动性能。"鼬鼠"空降战车即使在泥泞的路面上也能高速行驶，从而保障了空降部队的快速机降与快速机动作战的"双快"战术构想得以实现。

霸王兵器

意大利"标枪"步兵战车

近年来，意大利的装甲战车发展渐有起色，已经形成装备系列，配套成龙。"标枪"步兵战车能够为作战班组提供良好防护，战场应变能力极强，且极具威慑力。

意大利"标枪"步兵战车是奥托·梅莱拉和依维柯·菲亚特公司合作研制的多功能履带式步兵战车。该型车是在 VCC－80 步兵战车的基础上强力改进而成的，意大利陆军于 2002 年接收第一辆"标枪"步兵战车。"标枪"是一种协同主战坦克作战的步兵战车，能够为作战班组提供良好防护，确保部队快速部署并进行火力支援。

"标枪"步兵战车的驾驶舱设计得非常舒适，极大地缓解了驾驶员的疲劳。此外，该战车在开窗驾驶时，驾驶员左右两侧毫无遮挡，视野开阔，极大地增强了其战场应变能力。

"标枪"步兵战车的火力也相当凶猛，堪与美国的 M2 步兵战车相比。它所装备的 25 毫米机关炮的密集火力能够有效压制敌人的反击，而它装备的"陶"式反坦克导弹对敌方火力点的打击也是极具威慑力的。

霸王兵器

以色列"梅卡瓦"
系列主战坦克

"梅卡瓦1"主战坦克曾在中东战争中表现出色；"梅卡瓦3"主战坦克是世界上最先采用模块化装甲设计的坦克；"梅卡瓦4"主战坦克历时9年精研而成，具备击落直升机的能力。

战争的宠儿

"梅卡瓦1"主战坦克于1979年正式装备以色列陆军，曾参加过中东战争，并在战争中表现优秀。该型坦克设计强调了防护性，尤其是对成员的防护。"梅卡瓦"采用大车体，小炮塔，减少了表面积，发动机前置（也是世界上唯一一种发动机前置的现役主战坦克），车体前部和炮塔正面使用大倾角复合装甲及可更换式特种装甲以增强防护性，实战中T–72的125毫米炮基本无法击穿其正面装甲，车体后还设有一个可载8名武装士兵的载员舱。"梅卡瓦1"型主战坦克的主要武器是1门M68式105毫米线膛坦克炮，由以色列军事工业公司生产，辅助武器包括1挺7.62毫米并列机枪，在车长指挥塔门和装填手门上方各有1挺7.62毫米机枪，3挺机枪均由比利时FN公司许可以色列制造的。

模场化设计

"梅卡瓦3"主战坦克1989年批量生产，外形上与前两种型号无太大变化，但几乎所有主要部件全部更新。主炮换装以色列自制的120毫米滑膛炮，结构与德国莱茵120毫米滑膛炮类似，配备自动装填系统。为提高生存力，该坦克装有全电式炮塔旋转驱动和火炮俯仰驱动装置。该型坦克是世界上最先采用模块化装甲设计的坦克，整车采用全方位防护概念设计。炮塔和车体的底层装甲，以螺栓固定模块化装甲块。从而大幅度提升坦克的防护能力，同时使日常的维修作业也更加简便。火控系统升级为斗牛±MK3型，配有可整合激光测距仪

的新型炮长瞄准镜、车长指挥塔式昼夜瞄准仪，连同弹道计算机和一套传感器构成指挥仪式火控系统，可简化目标捕捉进程并大大提高行进间命中率。该坦克还装有阿姆科拉姆公司先进的威胁报警系统。动力装置采用 ACDS－1790～9AR 型风冷柴油机，功率增高到 895 千瓦。

数字化改进

2002 年 6 月 24 日，以色列国防军向世界展示了历经 9 年时间精研而成的主战坦克——"梅卡瓦 4"型坦克。这种坦克是在"梅卡瓦 3"的基础上对装甲防护水平和战场管理系统进行了重大的改进和调整而制成的，它更好地实现了现代战场数字化。"梅卡瓦 4"坦克上装配有 1 门以色列自制的 120 毫米滑膛炮，这种炮具备发射多种炮弹和火箭的能力。形体上也比前三种型号都要大一些，而且在"梅卡瓦 4"的炮塔上只有一个指挥官使用的舱口，其他的乘员则用后舱门。

超强动力

"梅卡瓦 4"同"梅卡瓦 3"一样具备击落直升机的能力。"梅卡瓦 4"的动力装置为狄塞尔内燃发动机，功率由"梅卡瓦 3"的 956.2 千瓦增加到 1 103.3 千瓦；它的电子设备和传输装置也都进行了改进，在新型坦克的后面装有摄像机，能够协助驾驶员向后驾驶；它的激光测距仪也进行了改进，具有红外夜视能力，能够探测并锁定目标，使坦克更加具备了消灭移动目标的能力。

霸王兵器
韩国 K1 系列主战坦克

　　韩国研制发展主战坦克起步较晚，与德国、美国、英国、俄罗斯、日本、法国等发达国家不可同日而语。直到 K1 系列主战坦克傲立世界坦克之林，才引起各国的关注和研究。

山地雄狮

　　K1A1 坦克是韩国陆军现役主战坦克，由于它套用了美国 M1A1 坦克的许多现成技术，所以有人也叫它"克隆小 M1A1"。这种坦克适应了韩国多山地、多沼泽的地形，K1A1 坦克特别强化了坦克的机动性。

精挑细选的火炮

　　K1A1 主战坦克在选择火炮时有三个选择：美国通用动力公司的 M256 型 120 毫米火炮、德国莱茵金属公司 RH120 型 120 毫米火炮和以色列军事工业公司的 TAAS 型 120 毫米火炮。最终美国的 M256 型 120 毫米火炮得到了韩国的青睐，因为这种火炮与美军 M1A1 主战坦克相匹配，其弹药与美军 M1A1 坦克的弹药具有通用性。

韩国的骄傲

　　韩国对 K1 主战坦克充满

自豪，认为它是"最适合在韩国使用的主战坦克"。相对较轻的车重、良好的越野机动性和独特的混合式悬挂，使 K1 坦克在朝鲜半岛崎岖的地形上也能运动自如。

相对于朝鲜半岛崎岖蜿蜒的地形。K1 坦克的机动性能尤为优秀，甚至超越了美国 M1 主战坦克以及一些中型坦克。可以这样说，K1 系列坦克，是韩国在近几十年中最优秀的一款坦克。

继续改进

近年来，韩国将一系列现代高科技应用于 K1 系列主战坦克的改良与发展上，从而使 K1 系列主战坦克具备了现代主战坦克应具有的素质。比如，拥有夜战能力，并在防护能力方面也有长足的进步。

霸王兵器

瑞典 Strv103 主战坦克

　　在世界坦克大家族中，有一种个头最矮的坦克。这种坦克降生于 20 世纪 50 年代，它就是瑞典的 S 坦克。瑞典政府将这种坦克雪藏了三十多年，直到 1992 年这种 1957 年就已经发明的坦克才公开面世。

　　Strv103 坦克是世界上现役主战坦克中最有特点的一款坦克。该型坦克从 1966 年到现在一直在瑞典陆军中服役。Strv103 坦克的最大特点是没有炮塔，火炮固定安装在战车前部装甲上，火炮的瞄准射击是通过履带的转向和车体的上下俯仰来实现的。这样使得 Strv103 坦克在射击时，始终以防护最强的前装甲面对敌方火力，这极大地增强了防护性。

特色设计

　　取消炮塔可以说是瑞典人做出的因地制宜符合本国国情的决定。首先，瑞典是一个多沼泽和冰雪地面的国家，这要求坦克有很高的机动性，所以坦克的战斗全重越轻越好；其次，瑞典人口较少，取消炮塔后，坦克的乘员就减为 3 人，大大缓解了只有 800 万人口的瑞典军队人数少的压力。

瑞典力量

　　Strv103 是世界上最后一种无炮塔坦克。它的车体和火炮为刚性连接，由车体的转动和液气悬挂系统的调整来控制火炮的方向。Strv103 也是世界上第一种使用燃气轮机的坦克，采用了由柴油机和燃气轮机的复合动力装置。平时只需要柴油机工作，在高速行驶时柴油机和燃气轮机一起工作，驱动坦克前进。Strv103 还是世界上最早采用液气悬挂装置的坦克。该套系统可以调整火炮的俯仰动作，还可以实现车体的侧倾，又能使车辆行驶平稳，提高了越野能力，为射击提供了稳定的平台。

霸王兵器

日本 90 式主战坦克

　　日本 90 式坦克属于第二次世界大战后第三代主战坦克中的佼佼者，是日本陆上自卫队的主力坦克。日本 90 式坦克在世界主战坦克排行榜上一直名列前茅，更因在 1997 年的世界坦克排行榜上一举夺冠而名声大噪。

　　90 式坦克主炮为德国莱茵金属公司授权日本生产的 120 毫米滑膛炮。身管长是口径的 44 倍，装有热护套、抽气装置和炮口校正装置，还装有反后坐装置。由于该炮配有三菱重工研制的自动装弹机，它通过链带转动来带动旋转在炮塔尾舱内的炮弹装入炮弹，因此射速可达 10—11 发/分。辅助武器包括一挺 74 式 7.62 毫米并列机枪，以及 M2HB 式 12.7 毫米高射机枪（不能从车内进行操纵）。在炮塔后部两侧各装有三具一组的 73 式烟幕弹发射器。

　　90 式坦克全重 52 吨，外观与德国的"豹 2"坦克极其相似。由于坦克装配了自动装弹机，因此乘员降至三名。坦克车体和炮塔均用轧制钢板焊接而成，在坦克的车体和炮塔前部均采用高强度的复合装

甲，其他个别部位采用间隙装甲。该坦克具备三防装置，还装有激光探测装置。90 式坦克采用三菱 10ZG10 缸涡轮增压柴油机，最大功率 1 103 千瓦（1 500 马力），配备自动传动系统。

性能先进

90 式坦克的火控系统性能十分先进，由观察瞄准装置、激光测距仪、数字式弹道计算机和指挥仪式瞄准装置等构成。车长指挥塔前方装有一具稳定式昼间周视瞄准仪，内装激光测距仪，并配合从炮长瞄准镜得到的目标数据监测装置进行数据修正，必要时可进行超越射击。炮长潜望式瞄准镜装在炮塔上部左侧，为高低向独立稳定的单目周视潜望镜，内有热成像夜视装置和激光测距仪。该坦克的瞄准系统分为直接瞄准和指挥仪式瞄准两种方式。

数字弹道

数字弹道计算机是该火控系统的核心，可根据横风传感器测得的数据及目标距离、视差修正量、大气压力、目标未来位置等修正量的数据来计算火炮的瞄准角和提前量，使瞄准镜十字线自动锁定。90 式的火控系统的优越性在于其具有目标自动追踪与锁定能力。在使用自动追踪模式时，车长或炮长将重要目标放入锁定区内按下锁定钮即可大大简化操作步骤，若目标暂时失去接触，瞄准仪会通过计算自动向延伸方向追踪搜索，待目标再度出现后随即锁定。

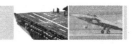

霸王兵器
印度"阿琼"主战坦克

　　"阿琼"是印度教神话中战神的名字。"阿琼"坦克设计精密，技术先进，具有高超的首次打击能力和在恶劣作战条件下生存的能力，特别是在印度边境复杂的地形环境中具有"超强"的作战能力。

有喜有忧

　　在以生产"豹1"和"豹2"坦克而驰名世界的德国克劳斯·马菲公司的技术援助下，1974年，印度开始研制新一代"阿琼"主战坦克。该坦克的整体设计思路接近"豹2"坦克，采用平直装甲，外形方正。坦克乘员4人，战斗全重58吨，车宽3.5米，车高2.3米，主炮是一门120毫米口径的线膛炮，可用弹种主要为尾翼稳定脱壳穿甲弹和碎甲弹，弹药基数64发。"阿琼"坦克的机动性较为出色，最大时速72千米，爬坡度31°，越壕宽3米。"阿琼"坦克炮弹初速高，动能大，穿甲能力好；首发命中率和机动性强，对运动目标的反应与捕捉能力较好，一般被动反应时间不超过8秒；具有昼夜全天候捕捉目标和精确命中能力。但其关键部件为进口，研制时间达20年之久，安全性、可靠性和维护性差，"硬伤"较重。

战半系统

　　"阿琼"主战坦克采用120毫米口径高膛压线膛炮，人工装填弹药，故该坦克持续作战能力较差。另有与主炮并列的7.62毫米机枪和炮塔上的12.7毫米机枪，后者可以在炮塔内遥控射击。

　　值得提出的是指挥仪式火控系统按其技术特征处于"世界先进水平"。炮长拥有双向稳定的昼间/激光测距/热成像"三合一"瞄准镜，其中热成像瞄准镜有3个放大倍率，夜间视距可达3 000米，瞄准镜还配有微光电视，提高了夜间观察、监视和射击能力。

霸王兵器图鉴
BAWANG BINGQI TUJIAN

枪　械

霸王兵器

美国史密斯－韦森
系列左轮手枪

史密斯－韦森左轮手枪有着可靠、完美的性能，无论是其旗舰之作 M29，还是其工艺精美的女士手枪，都深受枪械爱好者的喜爱。史密斯－韦森左轮手枪也因此成为精确、完美的代名词。

史密斯－韦森左轮手枪是美国 S&W 公司原始型的左轮手枪。该枪采用 K 型设计，固定式照门，用镀镍钢或防腐蚀：不锈钢制造，1900 年开始生产。曾被军方和警方定为制式装备。

制造精良

美国史密斯－韦森系列左轮手枪采用优良的抛光和镍表面涂层技术，自问世以来，大受欢迎，特别在以枪战为题材的影片中经常出现，故而声名远扬。该系列左轮手枪使用 11 毫米马格努姆枪弹，子弹侵彻力很强。

价廉物美

史密斯－韦森枪械公司是美国八大枪械制造公司中最大的一家，其民用枪支更是独占鳌头。M586 左轮手枪就是为了与柯尔特公司的"巨蟒"式手枪争抢民用市场而研发的，其价格却大大低于"巨蟒"式手枪，而且射击精度高，稳定性好。

继续研发

左轮手枪虽只有六发子弹，但其造形精美，质量可靠，安全系数也是所有手枪中最高的，因此左轮手枪一直占有相当份额的手枪市场。近年来，史密斯·韦森枪械公司也开始逐步加大精品左轮手枪的研发，枪械爱好者们也期待着新型左轮手枪的问世。

霸王兵器

美国 M3A1 式冲锋枪

1944 年，M3 式冲锋枪经过了战争的考验，暴露出了一些缺点，美国军方根据使用 M3 式冲锋枪的经验，对其进行改进，改进后的 M3 式定型为 M3A1 式，1944 年底开始配发部队使用。

美国 11.43 毫米口径 M3A1 式冲锋枪造价低、火力猛、可靠性好，是美国 M3 式冲锋枪的改进型。M3A1 式冲锋枪取消了 M3 式冲锋枪的拉机柄，装填弹药时直接用手指扣住枪机前端的凹槽向后拉到位即可，抛壳窗较大。另外，M3A1 冲锋枪枪口部位还增加了一个喇叭状的消焰器，这样的设置使射击时对枪口焰有所遏制，但同时也增加了射击时的后坐力。M3A1 式冲锋枪枪托的后端焊有一个"L"形角铁，便于向弹匣内压弹。

老而弥坚

就英国"司登"冲锋枪而言，M3A1 冲锋枪可以说是去其糟粕，取其精华。然而，也有一些令人遗憾之处。比如 M3A1 式冲锋枪沿用了"司登"冲锋枪双排单进的弹匣，这可以说是设计者的一个严重的败笔。大容弹量弹匣采用双排单进的结构，这使压弹极为困难，供弹可靠性差。不过，即便如此，M3A1 冲锋枪仍称得上是一款好枪。在实际应用中 M3A1 冲锋枪在战斗中的故障也是很少见的。

在第二次世界大战结束后的近半个世纪里，M3A1 冲锋枪始终没有退出美军制式武器的行列。

从 20 世纪 60 年代的越南战争到 80 年代美军的历次军事行动，特别是在美军特种部队中，处处可以看到 M3A1 冲锋枪的身影。直到现在，世界上还有许多国家的军队或军事组织仍在使用 M3A1 冲锋枪。

霸王兵器

美国英格拉姆 M10 式冲锋枪

英格拉姆 M10 式冲锋枪是现代名枪之一，这款枪是由美国戈登·英格拉姆于 1964 年设计的，美国军用武器装备公司于 1969 年开始生产此枪。美国、英国、玻利维亚、哥伦比亚等国家的警察和特种部队都装备有此枪。

英格拉姆 M10 式标准型冲锋枪结构紧凑，动作可靠，枪体部件大量采用高强度钢板冲压件，结实耐用。这款枪也可以安装消声器作为微声武器使用。这款枪采用自由枪机式工作原理，开膛待击。枪机为包络式，使枪管大部分伸入机匣内，从而大大缩短了全枪长。机匣分上下两部分，上机匣容纳枪机和枪管，下机匣容纳发射机、保险机构和快慢机。拉机柄在机匣顶部，其上开有凹槽，以免影响瞄准。当枪机在前方位置时，拉机柄钮旋转 90° 可以将枪机锁在前方。快慢机在机匣左侧扳机前方，向前推为单发，向后拉为连发。保险位于扳机右前方，使用非常方便，向前扳为射击，向后扳为保险，可通过扣扳机的手指就实现保险。

机匣前端枪管上挂有一个帆布把手，射击时射手用一只手握持，以便控制枪口上跳。枪管前端加工有螺纹，以便安装消声器。

霸王兵器
美国 M4 系列卡宾枪

　　M4 卡宾枪是继美国 M16 系列步枪之后的新一代卡宾枪。该枪于1991 年的海湾战争中首次露面。该枪近战时突击威力强大，并且性能可靠，可以适应多种作战环境，是新一代卡宾枪中的佼佼者。

　　美国 M4 式 5.56 毫米口径步枪于 1991 年 3 月定型，它是 M16A2式自动步枪的轻量型和缩短型。首先装备于美国第 82 空降师，1992年第二季度正式列装。该枪目前仍在生产，并装备于美国陆军和海军陆战队。加拿大、洪都拉斯、阿联酋、危地马拉、萨尔瓦多等国仍在广泛使用此枪。

实战经验

　　目前，M4A1 卡宾枪已大量装备美军特种部队及机械化部队。近年来，在一系列的局部战争中，M4A1 发挥了巨大的突击威力，为美军减小伤亡，发扬火力提供了保障。在 2003 年的伊拉克战争中，美国海军陆战队正是使用该枪快速突破了伊军的防线，得以向战略纵深挺进，因而该枪在战后广受好评。

装备精良

　　M4 系列卡宾枪可加载的附件包括 M203 榴弹发射器，M870 霰弹枪，FIRM 手把，弹容 90 发子弹的 MWG 鼓型弹匣，并有 GG&G 公司专门研制的"城市武士"瞄准系统等。由于 M4 枪管前部与 M16A2 尺寸相同，因此须在枪管上切削出一小段缩颈，用来安装 M203 导轨。

和 M16A2 一样，M4 也有单发/连发和单发/3 发点射两种射击功能调换装置。虽然 M4 最初是为空降部队和特种部队研制的，但由于其重量轻、精度高、体积小，也受到其他作战部队及非一线作战人员的喜爱。从 1997 年 11 月起，美军陆军正式装备 M4 卡宾枪，到 1999 年底全部现役部队换装 M4。在伊拉克战争中，美国陆军和海军陆战队全部配备了 M4 型卡宾枪。

霸王兵器

美国 M16 系列突击步枪

在世界十大著名步枪排行榜中，美国的 M16 突击步枪排名第二位。它外观时髦，设计精巧。该枪发射的枪弹比 AK－47 还要小一号，它是 1967 年以来美国陆军使用的主要步兵武器，也被北约国家所使用，更是同口径步枪中生产数量最多的步枪。

功能全面

美国柯尔特公司生产的 M16 步枪，开创了突击步枪小口径化的先河，它已有 40 年的服役史了。直到现在，M16 及其改型枪仍然在五十多个国家中被广泛使用，即使在以后相当长的一段时间里，我们也不可能看到有一种更适合的步枪能全面取代 M16 系列突击步枪。

不断改进

M16A1 和 M16A2 是 M16 系列步枪中使用最广泛的两种类型。同 M16A1 相比，M16A2 增加了枪管壁的厚度，并改进了护木和膛口消焰器，射击精度有了一定的提高。M16 的说明书上明确注明了，枪管进水后不能立即射击，主要是因为 M16 的导气管过细，如果进水会影响自动射击。如果士兵需要携枪潜水，一个简单的解决方法就是在枪口上紧紧地扎上塑料袋或橡胶套。

全面列装

M16 系列步枪主要包括 M16 式、M16A1 式和 M16A2 式三种型号步枪。美军于 1964 年正式装备 M16 式步枪，它是第二次世界大战后美国换装的第二代步枪，也是世界上第一种正式列入部队装备的小口径步枪。直到 1985 年初，美国生产了 600 万支 M16 系列步枪。M16 系列步枪除装备美国武装部队外，还装备澳大利亚、智利、多米尼加、海地、约旦、日本等 55 个国家和地区的武装部队。

霸王兵器

美国 M24 SWS 狙击步枪

　　M24 是由美国著名的 M700 步枪衍生而来的，是美国第一种专门研制的狙击武器系统，该系列狙击步枪采用旋转后拉式枪机，闭锁可靠性好，枪体与枪机配合紧密，精确度很高。

　　美国 M24 SWS 狙击步枪选用了旋转后拉式枪机，保障了该枪的可靠性。该枪枪体与枪机配合紧密，所以精度优良。它的外层金属件采用不反光的黑色和枪托相匹配。该枪使用 7.62 毫米口径枪弹，射程可达 1 000 米远，但每打一枪都要拉一次枪栓。M24 对使用环境的要求很挑剔，过于潮湿或者干热的环境都会造成子弹射击精度降低。M24 配备有一个瞄准具和一个夜视镜，有时还要携带聚光镜、激光测距仪和气压计，以确保射击效果。因此该枪拥有较高的远程射击命中率，但在使用时并不灵便。

　　美国海军陆战队、陆军部队、第 101 空降突击师、第 82 空降师和空军特别勤务部队均装备了 M24 步枪。

精良装备

M24 SWS 是根据美国陆军的要求而设计生产的，于 1987 年正式投入使用。该枪采用了 24 寸的重型枪管和石墨复合材料做枪身，配合可以调节的伸缩托板，成为一款性能优异的狙击步枪。M24 SWS 狙击步枪全长 1 082 毫米，重 3.5 千克，装弹量 10 发。该枪整枪为黑色，枪管、上枪身、枪机、弹仓弹夹、枪托调节旋钮都是金属材质，下枪身、枪托是塑料材质。M24 SWS 最显著特点就是它具有旋转后拉枪机结构，向上推动拉机柄然后后拉，就可以打开枪栓。而枪栓只要拉过弹夹出弹口就可以完成推弹上膛、射击一系列动作，熟练的枪手可以用掌心推动拉机柄迅速完成上膛动作，射速明显高于弹簧动力的狙击步枪。

霸王兵器

美国 OICW 先进单兵战斗武器

被命名为"陆地勇士"的美国 OICW 先进单兵战斗武器是美国研制的新型武器，该武器功能强大，可以同时发射普通枪弹和榴弹，是美国陆军"未来战斗系统"计划的一个重要组成部分。

点面杀敌

美国 XM29 突击步枪是 OICW 单兵战斗武器的一种代表类型。所谓 OICW 实质上是由两种武器组成的复合式武器，兼具延程、远程火力，威力较大。它既可以发射小型榴弹，可对 800—1 000 米内的目标进行射击，又可以发射枪弹，对 400 米内的目标进行射击，是一种远近结合、点面杀伤结合的武器，杀伤效能比很高。该武器火控系统包括直观式光学瞄准具、热成像仪、激光测距仪、弹道计算机、引信装定器、电子器件和显示屏。它可以以极高的精度测定目标距离和计算飞行时间，以此为依据装定引信，使其在适当时刻、适当高度的弹道偏转角起爆，以达到最佳空爆效果。

双管齐下

XM29 一次可发射两款子弹，即普通的 5.56 毫米子弹和 20 毫米高爆子弹。这种 20 毫米的子弹爆炸时类似于榴弹，碎片向四方射出，故其杀伤力惊人。

陆地勇士

美国 OICW 突击步枪是在美国陆军"未来战斗系统"计划中为"陆地勇士"开发的单兵战斗武器。它装有变焦距镜头摄像机，可以把摄到的影像传送到士兵的特别头盔上，扩大其视野范围。此外，它所配备的红外线仪器让士兵在晚上也可投入战斗。

霸王兵器

美国加特林机枪

自从火器被发明并应用于战场，人们便为提高其威力而努力。在前人的经验及新技术的基础上，加特林发明了一种转管机枪，它的出现是枪械史上的一次重要转折，对近现代枪械的发展有着深远的影响。

加特林机枪是由美国人理查·乔登·加特林在 1860 年设计的手动型多管机关枪，是第一支实用化的机枪。加特林又译格林，所以这款枪又被称为格林机枪。

性能优越

该机枪的特点是由多根枪管圆形排列，依靠射手转动一个手柄，使枪管连续转动，完成连续不断的射击。经过改进后的加特林机枪射速最高达到 1 200 发/分，这在 1882 年是个惊人的数字。加特林机枪射速极高，其可靠性也同样十分出色，由于使用外部电源驱动枪管转动，并完成供弹、击发、抽壳等动作，因此不受枪弹发火性能的影响，少数哑弹对枪体没有任何影响，它可以不间断地连续射击，可靠性为 20 万发，最低寿命为 150 万发。尤为可贵的是，如此凶猛的机枪却不比普通机枪重多少，只有 16 千克左右。基于加特林机枪性能优异、可靠性高、火力强大且又不失精确度，在越战期间被用于航空机炮，以提供地面猛烈的火力援助，被当时的美国官兵所称道，后来在许多的越战影片中都可见其身影。

问题隐患

但该枪也存在一个问题：它的最大弱点是射手在战场上由于激动而不能控制自己，会将手柄转得越来越快，造成机枪卡壳或爆膛。正因为如此，在 20 世纪初，随着马克沁机枪的出现，加特林机枪也就逐渐没落了。

霸王兵器

美国伊萨卡 M37 霰弹枪

伊萨卡的第一支双管猎枪，在诞生后的 50 年里，一直牢牢地占据着猎枪市场领先位置，直到 20 世纪 30 年代。人们的眼睛不再紧紧追随双管滑膛猎枪，他们瞳孔中闪现的是伊萨卡 M37 霰弹枪。

伊萨卡 M37 霰弹枪以久经考验的 M37 防暴枪为原型枪，遵照美国最古老的军事规范生产，它是另一款纯钢的枪，全身上下没有任何塑料件、锌件或者合成件。枪管长 457 毫米，枪管上方开有小孔，弹膛长 76 毫米。枪身所有的金属部件都经过发蓝处理，浸油枪托、后坐缓冲垫和下护木属于标准配置件。横动枪机保险置于扳机护圈后部，并采用球形黄铜准星，以便于快速捕捉目标。

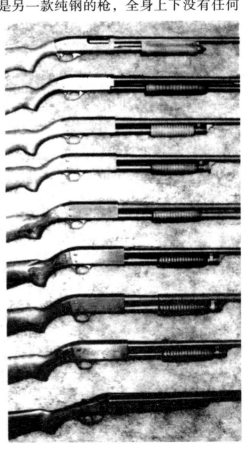

独特设计

伊萨卡霰弹枪独特的横动枪机保险设计，使它从来不会出现扳机解脱的问题。在丛林环境下，能不能快速准确地向敌方射击，常常决定着一个人的生死，而伊萨卡的准星就是向敌人敞开的天堂之门。

枪管上方开孔后，枪口上跳明显减小，后坐力也有

所降低。据此，20 号
N37 被称作女士用枪，
实际上，该枪可能更适
合身材矮小者使用，因
为这款枪装填 12 号霰
弹时，枪托可以收得相
当短。体验过这两款枪
的射手都认为，它的后
坐力之小名不虚传，甚
至可以说是"轻柔"。

　　枪管开孔、装填低后坐的鹿弹，会使弹丸速度降低，导致对墙壁
和障碍物的穿透力减弱，但是就目前的城市作战环境来讲，在霰弹射
程内，着靶效果并没有受到多大影响。

　　厂家公开的资料显示，12 号和 20 号霰弹枪的质量完全一样，仅
仅是长度相差约 13 毫米，但实际上，小口径的 20 号 M37 可比它那个
12 号的"兄弟"要轻巧短小。

　　这两款枪具有很好的平衡感，易于瞄准，射击精确可靠，加工质
量好，可以说是人机工程学的典范。它们都是优秀的警用武器，而 20
号 M37 尤其适合家庭防御以及身材矮小者使用。

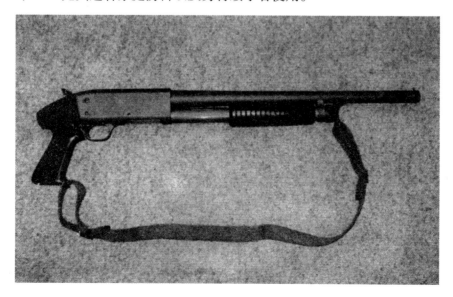

霸王兵器

俄罗斯 AK-47 突击步枪

AK-47 突击步枪是俄罗斯枪械史上的经典之作，该枪以其超凡的性能赢得了广大士兵的喜爱，成为一款生产数量最多，使用范围最广的世界著名枪械之一。

突击步枪之王

AK-47 突击步枪是前苏联著名枪械设计师卡拉什尼科夫设计的。自问世以来，AK-47 以其强大的火力、可靠的性能、低廉的造价而风靡世界。据不完全统计，AK-47 系列突击步枪已生产了数千万支，成为世界上当之无愧的"突击步枪之王"。AK-47 步枪于 1946 年研制成功，1949 年装备部队。苏军摩托化步兵部队、空军和海军的警卫、勤务人员使用木制或塑料制固定枪托型，伞兵、坦克乘员和特种分队使用折叠金属枪托型。AK-47 式突击步枪是装备国家与装备数量巨大的步枪，除苏联外，世界上有三十多个国家的军队装备，有的还进行了仿制或特许生产。以色列的加利尔步枪、芬兰的瓦尔梅特步枪都是参照 AK-47 设计的。

AK-47 突击步枪动作可靠，勤务性好，尤其在风沙泥水中使用，性能优良、坚实耐用、故障率低，所以深得官兵的喜爱。无论是在越南战场还是在海湾战场，将埋在泥水和沙堆中的 AK-47 挖出后，依旧能正常发射。在越南战争中，美军将领曾告诫自己的士兵："当你手中的武器出故障时，你必须马上找到一把 AK-47，这是至关重要的！"

武器设计大师

米哈伊尔·季莫费耶维奇·卡拉什尼科夫，1919 年 11 月 10 日出生。1947 年由他主持设计的 AK－47 突击步枪，被苏联红军定为制式武器，并大规模装备军队，成为第二次世界大战后苏联的主要单兵制式装备。卡拉什尼科夫当时年仅 28 岁。因为这一伟大的设计，他于 1958 年和 1976 年两次被授予社会主义劳动英雄称号，1949 年获得斯大林奖金，1964 年获得列宁奖金，1971 年被图拉设计院授予技术博士学位。苏联解体后，他仍然受到俄罗斯政府的重视。1994 年，俄罗斯总统叶利钦专程前往伊热夫斯克，同国防部长和其他领导人一起参加 11 月 10 日的"庆祝世界著名武器设计师卡拉什尼科夫寿辰 75 周年"活动。

霸王兵器

俄罗斯 RPK 型轻机枪

第二次世界大战后，美国与苏联开始了军备竞赛，在这样的社会环境中，苏联研制出了一种以 AKM 为原型的轻机枪，该枪使得苏联在这场无声的战斗中获得了阶段性的胜利。

RPK 型轻机枪是以 AKM 为基础发展出来的轻机枪。РПК 是俄语"卡拉什尼科夫轻机枪"的缩写，英文为 RPK（Ruchnoi Pulemet Kalashnikova）。

PPK 型轻机枪的诞生

苏联在 1949 年装备 AK – 47 和 1959 年装备 AKM 突击步枪之后，东方阵营的轻武器研制水平便凌驾于西方之上。米哈伊尔·季莫费耶维奇·卡拉什尼科夫设计的 AK – 47/AKM 突击步枪采用由耶里扎罗夫和瑟明研制的 M – 43 式 7.62×39 毫米中间型枪弹，其主要特点是动作可靠，故障率小，能在各种恶劣的条件下使用，而且武器操作简便，连发时火力猛。卡拉什尼科夫在 AKM 突击步枪的基础上发展出的轻机枪，使用 40 发弹匣或 75 发弹鼓，空枪重 5.6 千克，瞄准线长 560 毫米，这便是后来享誉世界的 RPK 轻机枪的雏形。1959 年，苏联

军队正式采用该枪，并将其定名为 RPK。

独具风格

RPK 轻机枪的许多设计特征要优于 AKM 突击步枪：枪管延长并增大枪口初速；增大弹匣容量以延长持续火力；配备有折叠的两脚架以提高射击精度；瞄准具增加了风偏调整；枪托与捷格加廖夫 RPD 轻机枪的枪托相同，并为空降部队研制了折叠式木制枪托的 RPKS 轻机枪。

霸王兵器

德国瓦尔特 PPK/P38 手枪

德国瓦尔特公司研制的 PPK 和 P38 手枪以其完美的设计和性能，并通过第二次世界大战的实战，向世人证明了它们是经得起时间和战争考验的精英武器。

瓦尔特 PPK 手枪是世界最著名的手枪之一，生产数量极大。德国军队分别于 1929 年和 1931 年装备。PP 和 PPK 手枪对第二次世界大战后西德乃至世界各国的手枪设计产生了极大的影响，而真正让 PPK 手枪家喻户晓的功臣应是 007 电影系列中的传奇人物詹姆士·邦德。

间谍首选

PPK 手枪作为一款小巧玲珑，反应迅速，威力适中的自动手枪，成为各国谍报人员的首选用枪。时至今日，该枪仍然被大量使用。我们经常能在电影中一睹它的风采。

虽然电影有其拍戏夸张的成分，但是外形小巧的瓦尔特 PPK 着实不容小觑。PPK 手枪火力比不了大口径手枪，但绝对超过像它这样小身型的实力。而且它使用方便，在极短的时间内即可完成射击动作，给它的使用者蒙上传奇的色彩。

经典引导潮流

PPK 手枪的经典设计，引导了第二次世界大战以后世界手枪设计的潮流。其中，伯莱塔公司和勃朗宁公司从 PPK 的设计中受到了启发，设计出一系列经典的自卫型手枪。自此以后，世界手枪的设计开始朝着 PPK 手枪的美观外形发展。例如瑞士西格-绍尔公司设计的 P220、P226 等一系列型号的手枪均受到了 PPK 手枪设计的极大影响，成为一代名枪。

瓦尔特公司的一系列成功的手枪设计，使其成为当今世界的著名轻武器生产公司。

实战发威

1939 年 9 月 1 日，德国军队闪击波兰，P38 手枪作为德国军队的制式配枪，实战中发挥了巨大的威力。在当时的手枪型号中，该枪以火力猛烈、动作可靠、准确性高，赢得了广泛赞誉。在苏德战场上，苏联军队缴获了大量德军的 P38 手枪，许多士兵都将它作为自己的随身配枪，爱不释手。

全力生产

作为二战时德军的制式手枪，到二战快结束时，德国已生产了超过 100 万支。1957 年，瓦尔特公司开始恢复生产一种轻便型的 P38 手枪，称为 Pl 型，直到 1980 年，该枪一直是德国国防军的标准辅助武器。在一些国家，P38 一直服役到 20 世纪 90 年代。

简捷制胜

瓦尔特 P38 式手枪于 1939 年投入生产，代替了鲁格 P08 手枪，与鲁格手枪相比，它设计简单，安全可靠，易于大批量生产。P38 是一种双重制动的武器——在装上弹药、竖起击铁后，可以再松下击铁；在任何时候，可迅速地扳起击铁并扣动扳机打出枪膛内子弹。在紧急情况下，迅速开火比瞄准更重要，该枪仅须简单的扣动扳机就可以完成竖起击铁和射出子弹这一系列动作。

辉煌历史

瓦尔特 P38 手枪在军界服役了近 60 年，它经受了第二次世界大战的洗礼，在第二次世界大战后更是被全世界数十个国家仿制和使用。它可靠的性能和极高的精确性，无论是在军用还是民用中都受到了青睐。

霸王兵器

德国 HK USP 系列手枪

德国 HK 公司生产的 USP 系列手枪可以说是反恐部队的重要装备之一，USP 手枪较大的威力、较小的重量和快速的反应是其深受反恐战士喜爱的主要原因。

德国 USP（Universal Selbstlade Pistole）系列手枪是 HK 公司第一支专门为美国市场设计的手枪，它的基本设计理念是以美国民间、司法机构和武装部队等用户的要求为依据。在 1993 年休斯敦举行的枪支博览会上，USP 第一次向世界展示。同年，USP 顺利下厂生产。USP 能够发射手枪弹中最大威力的 9 毫米枪弹，因为 USP 本来就是按发射 10.16 毫米枪弹的规格来设计制造的。任何一种口径的 USP 都有 9 种型号，不同型号间的区别只是扳机方式、控制杆功能和位置的不同，这样客观上给用户创造了一个极大的选择空间，而且每一种型号都可以任意拆换零件，改装为另一种型号。

更胜一筹

虽然是一种大威力手枪，但 USP 与"沙漠之鹰"相比，重量更轻，射击后坐力较小，同时，反应比较迅速。因而，比"沙漠之鹰"

更受欢迎。

品质精良

USP 系列手枪采用改进后的勃朗宁手枪的基本结构。枪身材料由特殊的玻璃纤维塑料制成，枪上部有卡槽，便于安装光学瞄准镜。它各方面的性能均衡，价格便宜，后坐力小，精度和射速都比较高，静止时射击的密集度不在"沙漠之鹰"之下。

USP 紧凑型手枪是在 1994 年美国《突出武器禁止法》制定后问世的，虽然该法规限制了民用枪支的弹匣容量不得超过 10 发。但 USP 紧凑型的改变不只是弹匣容量的缩小，而是全枪尺寸都被缩小了，连击锤都已经小到藏在套筒内，这样就非常便于特工将其藏匿在身上。如今，美国已将其装备到海关的特别行动小组，深受好评。

USP 手枪进行了广泛的试验，顺利通过了 20 000 发射击可靠性试验。在干燥、扬尘、泥水、冷冻等极限环境试验中性能表现非常可靠。因此，该枪完全是一款品质精良的手枪，它的结构特点非常突出，充分体现了 HK 公司全新的手枪设计理念。事实证明，该枪的市场前景非常广阔。

霸王兵器

德国 HK UMP45 冲锋枪

UMP45 标志着 HK 公司在武器设计理念上的转变，该枪结构简单，并大量采用非金属材料，从而减轻了重量，降低了价格，但并没有失掉 HK 传统的优良性能和优质质量。

值得信赖

为紧密配合特种部队在执行特殊任务时的需要，HK 公司开发了全新的、适合特种部队作战的"45 口径通用冲锋枪（简称 UMP45）"。此枪于 1998 年底交付试验。UMP45 的结构简单，并大量采用非金属材料，此举减轻了枪体重量，降低了价格。HK 公司以其优良的产品性能和值得信赖的产品质量，深受广大枪械使用者的好评。UMP45 的开发标志着 HK 公司在武器设计理念上有了重大的转变。

设施完备

UMP45 包括三个基本的装配组，其拆散、清洗、保养都十分方便。此外 HK 公司自配的消声器，可以在极短的时间内在枪口上安装并且效果极佳。

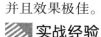

实战经验

UMP45 冲锋枪除了在陆地上使用外，还能潜水射击。它以其可靠的性能，成为特种部队的有力武器。2001 年 9 月，印地安那州洛厄尔市发生银行抢劫案，洛杉矶特警手持 UMP45 冲锋枪在中心银行外与劫匪对峙了四个多小时后，和平解决了事端。

霸王兵器

英国兰彻斯特冲锋枪

如果有人问："英国的第一支冲锋枪是哪支？"恐怕大多数轻武器爱好者都会回答是司登冲锋枪。其实兰彻斯特冲锋枪略早于司登冲锋枪装备英军，是英军史上的第一支本土冲锋枪，当时生产该枪主要目的是抵御有可能入侵英国机场的德国空降兵。

兰彻斯特冲锋枪是一款工艺精良、价格昂贵的武器。它是在敦刻尔克大撤退之后，由斯特令武器公司的乔治·兰彻斯特以德国的伯格曼 MP28 为原型，专为英国皇家空军和海军设计的。不同的是伯格曼使用毛瑟 98K 型弹匣，而兰彻斯特使用的是李·埃菲尔德式的短弹匣，同时还加有刺刀配件。另外，兰彻斯特装配的是坚固的黄铜弹仓壳，从枪托到闭锁装置所选用的材料及加工工艺都让人十分满意。这款冲锋枪的性能非常好，是枪械爱好者所钟爱的武器之一。

到 20 世纪 80 年代，绝大多数的兰彻斯特冲锋枪宣告报废并销毁，只有少数样品作为参考之用，陈列在博物馆里。

霸王兵器
英国布伦式轻机枪

随着战争的不断升级，为满足战场的需求，英国研制出布伦式轻机枪。布伦式轻机枪更因其合理的结构、优越的性能和较高的作战效能在第二次世界大战中大放异彩。

布伦式轻机枪是在捷克斯洛伐克设计的 ZB26 轻机枪的基础上根据英国军方的要求改进而来的。1935 年英国正式将该枪列装为制式装备，并从捷克斯洛伐克购买了该枪的生产权，由恩菲尔德兵工厂制造，1938 年投产，并正式命名为 MKI 7.7 毫米布伦式轻机枪。

二战名枪

布伦式轻机枪也称布朗式轻机枪，是第二次世界大战中英联邦国家军队的主要武器。布伦式轻机枪经过严格的测试，表现出了良好的适应能力，这使得它的使用范围更加广泛，在进攻和防御中都表现出色，并且在战争中证明它是最好的轻机枪之一。它和美国的勃朗宁自动步枪一样，能够提供攻击和火力支援。

布伦式轻机枪同 ZB26 轻机枪一样采用导气式工作原理，枪机偏转式闭锁方式，即枪机尾端上抬卡入机匣的闭锁槽实现闭锁。布伦式轻机枪枪管口径改为 7.7 毫米，发射英国军队的 7.7×56 毫米标准步枪弹，以 30 发容量的弹匣供弹，位于机匣的上方，从下方抛壳，为了适应英国军队使用的有底缘步枪弹改成弧形弹匣，由于弹匣在机匣正上方，该枪带护翼的准星和觇孔式照门都偏出枪身左侧安装。枪管口装有喇叭状消焰器。该枪缩短了枪管与导气管的距离，取消了枪管散热片，这些是与 ZB26 轻机枪明显的区别。

由于性能相当出色，第二次世界大战结束后众多英联邦国家的军队继续装备布伦式轻机枪。

霸王兵器

比利时 FN 勃朗宁系列手枪

勃朗宁是世界著名的枪械设计大师，他一生中设计了许多枪械。其中勃朗宁系列手枪堪称经典之作，直到 20 世纪 80 年代美国和其他一些国家的军队仍装备该系列手枪。

风雨历程

勃朗宁大威力手枪是世界上最著名的手枪之一，深受各国军警界的青睐。由于此枪威力大，性能可靠，对 FN 公司后期的手枪设计起到了极其重要的作用。自问世以来，已走过了半个多世纪的风雨历程，特别是经受了两次世界大战的战火洗礼，通过了战争考验，可谓是久经战场，百战扬名。作为第二次世界大战中与 M1911A1 式手枪齐名的大威力手枪，该枪的成功设计，充分发挥了士兵的近战火力，在战争中赢得了一致好评。

FN9 毫米大威力手枪，目前仍然是世界应用最广泛的手枪之一，有近五十个国家使用或仿制，深受各国官兵喜爱。

枪械发明家：勃朗宁

勃朗宁，世界著名的枪械设计大师和发明家，美国人，全名为约翰·摩西·勃朗宁（John Moses Browning），生于 1855 年，卒于 1926 年，享年 71 岁。勃朗宁一生孜孜不倦地在枪械设计这块土地上耕耘，成就辉煌。他设计成功的武器多达 35 种，从手枪到步枪，从冲锋枪到机枪，可以说囊括了各类枪械，无所不涉。勃朗宁曾先后与美国温彻斯特连发武器公司和美国柯尔特专利武器制造公司合作，亲自主持设计了众多的枪械产品，其中包括后来成为美军制式手枪达六十多年之久的 M1911A1 式柯尔特手枪。勃朗宁作为近代武器设计大师，永载军事史册。

霸王兵器

比利时 FN P90 冲锋枪

　　FN P90 冲锋枪是比利时在 1994 年推出的小型军用冲锋枪。FN 公司最初将该枪以个人防卫武器的名称推出市场，而现在却成为特种部队的武器。FN P90 亦是世界上第一支个人防卫武器。

迅速捕捉

　　比利时的 FN 公司仅把 P90 冲锋枪命名为单兵自卫武器，这大大低估了此枪的实战效能。该武器虽然动能一般，但在 200 米最远射程上的多发命中率极高，而且 P90 弹匣容量大，加上 900 发/分的射速，可以让使用者能够轻松地应对各种险情，使弹匣更换次数降至最低。由于 P90 初速高、后坐力适中、弹匣容量大因此畅销枪械市场。到目前为止，该冲锋枪已制造了数万支，成为现今性能最佳的军用冲锋枪之一。

　　P90 枪使用的瞄准具主要是光学瞄准镜，这是一种昼夜功能俱佳的瞄准镜，可以迅速捕捉到目标。射手左右手均可操作射击，枪两侧分别设有机械瞄准具和拉机

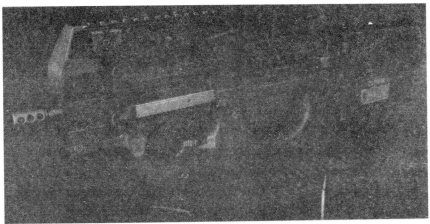

柄。抛壳窗位于机匣下方，可确保射击时不会因抛壳伤害射手。

符合要求

P90 的开发完全是根据《美国轻武器总规划》中提出的总体规划与要求而开发的，早在 1987 年年初，FN 公司就开始与单兵武器的潜在客户联系，以查明其市场前景。

世界影响

目前，科威特、阿曼和沙特阿拉伯装备了 P90，美国特种部队也对 P90 情有独钟，将来可能用 P90 来换装 M9、M11 等手枪和 MP5 冲锋枪。但原来预期中的最大客户——北约各国的预备役战斗部队却直到现在也未装备 P90。

霸王兵器
奥地利格洛克系列手枪

1980 年，格洛克系列手枪使格洛克公司名扬世界，这种"塑料"手枪以其独特的结构设计、大胆的材料运用、可靠的动作性能获得了人们的信任和好评。

创立于 1963 年的奥地利格洛克有限公司，坐落于奥地利的瓦格拉姆布，世界上第一支大量使用工程塑料的格洛克 17 手枪是该公司的拳头产品。格洛克系列手枪投放市场还不足二十年，已经成为四十多个国家的军队和警察的制式配枪，而且从 20 世纪 90 年代开始，世界各国的枪械制造公司纷纷效法该枪，在手枪中大量采用工程塑料部件，也是由于格洛克手枪的成功而引起的。格洛克的整个枪身有大部分是由工程塑料整体注塑成型的，只在一些枪身的关键部分才用钢增强，这样不但降低了大量生产成本，而且与其他零件的整体结合精度也大大提高。格洛克手枪在生产中严格采用先进的工艺，零部件允许的误差非常小。据说格洛克手枪刚被引进美国时，在某个枪展上曾做过一次公开测试：技术人员将 20 把格洛克 17 进行完全分解后的零件摆出来，由在场的一个观众随便挑选零件重新组合成一把枪，然后用这把枪当场射击了两万发子弹，整个过程一切顺利。当格洛克手枪正式进入美国警用武器市场时，钟情左轮手枪的得克萨斯州警察根本不喜欢大量采用工程塑料、没有敞露式击锤而且是自动装填枪弹的手

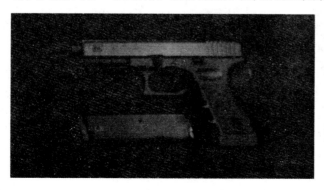

枪，所以许多警察局几乎是以强迫的方式配发格洛克手枪的，可是使用了格洛克手枪后，这些警察很快就不由自主地喜爱上了这种新手枪。

品牌特征

从格洛克 17 开始，格洛克公司陆续开发出不同口径、不同尺寸的一系列格洛克手枪，使格洛克手枪能满足不同用户的使用要求，进一步扩大了市场占有份额。从该型号开始，双重互保装置成为格洛克系列手枪的品牌性特征。从 1997 年开始，格洛克推出新的全新枪形的手枪，除了在握把上增加人性化设计外，还参考了 HK USP 的设计，在枪管下方的套筒座位置加上导轨、可装光学瞄具或战术灯之类的配件。

风行美国警界

奥地利格洛克 22 式手枪发射 10.16 毫米史密斯－韦森手枪弹。由于对大威力手枪弹的兴趣已经减少，而 10.16 毫米史密斯－韦森弹开始在美国警界风行，因此格洛克 22 目前风头正劲，受到美国警界的青睐而被大批量采购。许多警察都认为，格洛克 22 操作起来和左轮手枪一样简单，但重量更轻、火力持续性更强且携弹量大，故此广受称赞。

由于格洛克的射击稳定性好，射击幅度小，射速高，子弹很快会被打光，所以格洛克公司研发了一种大容量的弹匣，在配置了"加号底座"后弹容可增加到 34 发。不过由于弹匣太长，为了方便携带，而重新更换了"加号底座"的标 7 发弹匣（增容后为 20 发）。

奥地利施泰尔 AUG 突击步枪

　　AUG 突击步枪的研发是为了替换当时奥地利军方采用的 FN FAL 自动步枪。该枪精度要高于比利时的 FN FAL 步枪，重量要比美国的 M16 步枪轻，长度和现代冲锋枪相仿，并且适应各种环境下的作战需求。

风靡世界

　　AUG 步枪于 1972 年定型，1977 年装备部队。它是世界上最早出现的无托枪之一，同时已成为世界著名的枪族之一，步枪、卡宾枪、伞兵型冲锋枪和轻机枪是其枪族中的主要成员。曾被沙特、阿曼军队使用于 1991 年的海湾战争，经受了严酷的实战考验。AUG 步枪的结构有三个主要特点：其一，没有常规式枪托，而是以弹匣为托；其二，积木式组装结构，全枪由六大部件组成；其三，采用了大量塑料件，约占零件总数的 20%。全枪长 790 毫米，枪管长 508 毫米，全枪重 3.6 千克，配用弹种为 5.56 毫米 SS109 弹，初速 970 米/秒。它以其独特新颖的外观、优良的性能，一路遥遥领先，目前在世界上被广泛采用，好评如潮。

优缺比较

作为一支结构紧凑、携带方便的无托步枪，该枪在近年来可以说是风头正劲，销量持续增长。从精度来看，AUG 结构配合紧密，活动间隙小，开闭锁撞击轻，自动机运行平稳，精锻枪管射击精度好，加之操作方便，单发射击精度高，点射精度也相当不错。但是，AUG 除有无托枪的共性缺点外，它还有连发后易造成弹丸偏离目标，风沙、泅渡中故障太多，严寒条件下机构阻力加大和塑料件易于断裂等缺点。

战争考验

AUG 突击步枪采用整体式光学瞄具，并自带小提把；大量采用工程塑料，耐磨耐用、强度高。在多次地区冲突中，AUG 博得了士兵们的喜爱，尤其是女兵，被它轻巧的身体、握持及射击舒服且易于掌握等优点所吸引。

霸王兵器

意大利伯莱塔 92F 手枪

意大利伯莱塔 92F 手枪堪称经典。该枪设计独特，采用双排弹匣增大了容弹量，并且左右手都可以握持射击。伯莱塔 92F 手枪的设计引领了一代潮流，它是当之无愧的世界名枪。

选型冠军

伯莱塔 92F 式手枪是美国 1985 年第一次手枪换代选型试验时选中的，定名为 M9，1989 年第二次选型又选中该枪，更名为 M10。目前美军已全部装备，替换了装备近半个世纪之久的 11.43 毫米柯尔特

M1911A1 手枪。在海湾战争中，美军尉官以上军官包括总司令，腰间别的都是这种枪。该枪的握把由铝合金制成，减轻了枪的重量；双排弹匣容量达 15 发；扳机护圈大，便于戴手套射击。枪长 217 毫米，空枪重 0.96 千克，初速 375 米/秒，有效射程 50 米。

优良传统

1934 年，意大利伯莱塔公司在技术上采用与德国瓦尔特 P38 手枪同样的设计（全开放式退壳口、枪套固定锁与枪管固定锁分离、枪管

底部的垂体设计等），推出了伯莱塔 1934 型手枪，该型枪已具有伯莱塔手枪的雏型风格。1945 年，意大利军队采用伯莱塔手枪作为制式配枪，从此，伯莱塔公司的业务突飞猛进。第二次世界大战结束后，轴心国的日本被盟军轰炸成一片废墟；苏联占领德国后，瓦尔特厂整个被搬到苏联，留下一片断垣残壁；而伯莱塔工厂由于位处深山，不但躲过了盟军的轰炸，也因意大利最早投降而保持了工厂的完整性，使其能继续发展其手枪，并推出了深获好评的运动枪支。1976 年，伯莱塔推出 M84 型手枪，此时，伯莱塔的风格已完全呈现出来——符合人体结构学设计的握把、击针保险、节套卡笋与节套固定锁采用分离式设计、单片式扳机及战斗表尺、双排弹匣、左右手皆可用的保险等。

霸王兵器
瑞士西格－绍尔系列手枪

　　西格－绍尔手枪性能优良，设计小巧玲珑，是西格－绍尔公司的拳头产品。该枪问世之初，曾于军队选型中惜败于伯莱塔 92F 手枪，但"真金不怕火炼"，最终该枪以优异的性能打入了许多国家的军队，成为制式装备。

质优价廉

　　西格－绍尔系列手枪是由瑞士工业公司和德国公司共同合作研发的特种手枪，曾参加美军手枪选型试验，但惜败于意大利的 9 毫米92F 手枪。该型枪最大特点是小巧玲珑，性能优良，弹匣容量大。

　　西格－绍尔 P220 手枪研制于 20 世纪 70 年代，目的是对 P210 进行更新换代。P220 是 P210 的提高型，比 P210 性能更完善，安全性与可靠性更高，并且可以说是价廉物美。P220 是 SIG 公司的拳头产品，该公司以 P220 为蓝本，开发出了一系列性能优良、操作可靠的手枪，在军警和民间市场都很受欢迎。P220 在 1975 年装备瑞士军队，军方编号为 M75。P220 和 P210 一样，更换一些部件后就可以发射不同口径的子弹。

最终采用

　　西格－绍尔 P228 手枪在 1988 年定型并上市，该枪是 P226 的小型化，但采用了双排弹匣。P228 与 P226 一起占领了西方较大部分的警用手枪市场。1992 年 4 月，P228 正式被美军采用，并命名为 M11型紧凑型手枪。

后起之秀

　　西格－绍尔公司于 2002 年推出新一代手枪——SP2022。西格－绍尔 SP2022 有更薄的扳机，减小了扳机的移动量，从而表现出相当精确的连续射击命中率。另外，SP2022 还有诸多人性化设计，如长短不同的两种弹匣底座，隐蔽式和外露式两种枪管等。

霸王兵器

捷克 CZ75 手枪

捷克 CZ75 手枪集中体现了捷克优良的制枪工艺，该枪优良的机械性能和符合人体力学的完美设计，使其成为世界许多枪械厂家竟相模仿的对象。

世界名枪

CZ75 手枪是乌赫尔斯基布罗德兵工厂（简称 CZ 公司）于 1975 年研制的，该枪是第二次世界大战后捷克研制的最优秀的手枪。CZ75 采用双列供弹、双动击发设计，安全性极高，而且枪身制作工艺精良，吸取了许多枪械设计的精华，成为"名枪榜样"。

最佳卫士

CZ75 手枪优点众多，让世人见识到捷克优良的制枪工艺。该枪的握把设计符合人体功能学原理，具有良好的握枪手感。经测试，该枪在射击时具有优秀的平衡感与稳定度。CZ75 手枪被广大使用者评为"20 世纪最佳战斗手枪"。

风靡欧美

CZ75 手枪一经问世，便因其射击稳定、保养简便和价格低廉而风靡欧美，还被美国、意大利、瑞士等国家枪械厂仿制，足见该枪的魅力。

著名兵工厂——CZ 公司

CZ 公司是捷克著名的枪械制造公司。20 世纪二三十年代是捷克轻武器工业最辉煌的时期，CZ 公司也是在那个时代迅速成长起来，成为与美国柯尔特、苏联 AK 和比利时 FN 等一样具有国际知名度的优秀枪械制造公司。它主要生产军警用手枪，另外也有步枪、气枪等产品。

霸王兵器

以色列"沙漠之鹰"手枪

目前，世界上没有哪种手枪比"沙漠之鹰"手枪的上镜率更高，而且它还是无数青少年的在游戏中的首选武器。"沙漠之鹰"漂亮的外形和巨大的威力使得它深受枪械爱好者推崇。

双向合作

一提起大名鼎鼎的半自动手枪"沙漠之鹰"（Desert Eagle），很多人都知道它是以色列军事工业公司（IMI）的拳头产品，但该枪的最初设计是美国人在 20 世纪 80 年代初完成的。

IMI 公司为了避开美国政府对进口枪支进行的限制，对销往美国的"沙漠之鹰"只生产零部件，运往美国后再由马格努姆公司进行镀铬、镀镍、镀金及抛光等表面处理，并对枪管进行精确加工后重新组装。"沙漠之鹰"手枪的多边形枪管是精锻而成的，并有多种长枪管可供选用。

美中不足

该枪可使用多种大威力枪弹，杀伤力堪比小口径步枪，有效射程为 200 米，为手枪之冠。虽然"沙漠之鹰"在美国有很高的威望，但"沙漠之鹰"比普通手枪重得多也大得多，握把宽大，手小的射手根本不能单手握枪射击；而且枪太重很难长时间保持姿势与射击；尺寸太大，不便于隐蔽携带；而且后坐力也大得多，很难快速射击。因此，尽管它火力强大，足以一枪制敌，但多数射手都不会把它作为防身手枪的首选。

好莱坞之缘

"沙漠之鹰"自 1984 年在电影《龙年》中登场后，陆续在五百多部影视作品中亮相。"沙漠之鹰"以其剽悍的外形，强大的火力成为影视剧中"有强大威慑力的手枪"的首选道具。